天下文化
BELIEVE IN READING

思考圖譜

職場商場致勝祕笈

宣明智、燕珍宜——著

黃育瀚／Brandon Huang——插畫

感恩感謝

認真寫完這本書，不禁回想我人生歷程過得忙碌、精采、豐富，一路充滿刺激，亦有著成就感。自聯電退而不休後，我投身生技產業，尋求創新發展，行有餘力，熱心公益，參與公共事務，這一切過得順心瀟灑。我必須藉著這個機會，除了感謝一路支持我的家人，對於協助過我的貴人更獻上衷心感謝。

首先感謝我的恩師方賢齊、胡定華、張俊彥。因有你們的悉心教導與指引，才讓我有機會進入半導體資通訊高科技產業。

特別感謝我的老闆曹興誠，在我年輕時創業失敗後收留我，在電子所耐心培養我從工程師晉升到部門主管，並帶我進入聯電，而且給予我充分的信任及自主發揮的空間。

另外感謝郭台銘、高次軒、倪集熙、王燕群、林文伯、黃民奇等好友，我們就像歡樂英雄般，一起打球、一起歡唱、一起聊著事業合作、一起交流管理經驗。

也感謝我聯電業務部同仁陳文熙、趙澎生、王守仁、劉鴻源、姜長安、羅瑞祥、張原涼、于東海、張至仁、邱立菱等，我們一起打下聯電

的市場江山，跨入國際，不但替台灣半導體邁出成功的第一步，並創新提出晶圓代工加IC設計的突破商模。

最後我要感謝電子所作業部的同事們，周吉人、高新明、羅達賢、彭清華。我們一同建立共識，認真共事，把部門計畫執行考核做得徹徹底底。

因為上述的你們，讓我一路累積經驗與能量，我的體認是「互為貴人」。有幸遇到許許多多的貴人，我心懷感念，也期許自己可以成為大家的貴人。

將思考「化繁為簡」，
經驗與效率的寶典

郭台銘（鴻海科技集團創辦人）

這是一個重視思考的年代，不論是職場抑或商場，唯有眼觀天下、掌握局勢，能判斷自身優劣勢、做出迅速且正確決策的一方，終可得勝。然而在思考的過程中，我們常常因為必須考量太多因素，而漸漸將問題複雜化，愈複雜的思考愈耗時，便容易錯失機先。感謝明智兄不吝分享自身經驗，將職場與商場常遇見的問題與盲點，透過淺顯易懂的圖像，簡化思考時間。這些經營與管理的思考圖像，都是由明智兄日積月累的實戰經驗中淬鍊與驗證而來，書寫成冊除了深具傳承意涵，更有著擘劃創新的價值。

其實明智兄與我有著諸多相似之處，學業初成後都沒有繼續攻讀，而是選擇投入職場，年紀輕輕便勇於創業，初期篳路藍縷、披荊斬棘，然不輕易放棄的好勝心，讓我們在電子資通訊高科技行業勵精圖治、力爭上游。正因為我與明智兄有著類似的成長背景及工作的交集，彼此常有機會互相砌磋交流、集思廣益幫彼此的客戶尋找方法解決問題。

除此之外，我與明智兄對電子產業發展也具備一致眼光，我們投資彼此，在聯發科初成立時，鴻海便率先投資，而群創由友達分拆出來後

成立新公司，明智兄也參與投資；此外，明智兄帶領的聯電更培育許多業界尖兵，有多位聯電的優秀同仁已成為鴻海集團最重要的棟梁幹部，顯見明智兄對於栽培業界領軍人才不遺餘力，讓人才輩出成為台灣電子產業最堅實的基礎與量能。

　　細數與明智兄相交數十載的情誼，我看見了他認真踏實的工作態度，更見識了他靈活與創新的恢弘智慧。創業維艱，步步為營，在鴻海日益壯大的過程中，我也必須面對商場賽局的競合，如何找到最佳的平衡點，向來是創業者致力追求的目標。與明智兄英雄所見略同的是，我也追求管理及思考上，必須化繁為簡，善用創意發想去解決複雜問題，而這也是我在多年創業路上精粹出獨到的思考邏輯及處事模式，如今大家何其有幸，明智兄在書中用創新的圖像思維，將數十年的創業經驗呈現在讀者眼前。

　　《思考圖譜》將推翻一成不變的教條式思考教學，透過線條圖像，輕鬆地顯現管理思考必須注意的關鍵點。透過圖像迅速吸收，也呼應了這個講求效率的科技時代需求。不論您身在職場或商場，務必請您細細品味明智兄這數十年的經驗積累與創新管理思維。

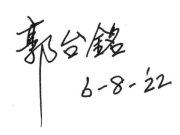

企業經營唯一的答案，
就是沒有標準答案

我花了很長的時間在產業界服務，深入參與各類事務，累積許多想法和心得。我發現自己常常使用一些圖形、關連或故事，去思考做產業、管理時的各種動態變化。

十年前，我開始整理多年來我給同仁培訓、專案討論、檢討的簡報內容，經過整理，建立近六十個圖譜檔，一直想寫出來分享給大家使用。我嘗試在幾個高階人才的培訓課程中用了幾次，引起熱烈的討論，獲得很多肯定與回響，成效很好。

我希望這些圖譜可以幫助你做事情，幫助你擬定策略，也可增加一些可能性與互動，讓你更容易掌握競爭情勢，更了解環境需求，然後做進一步的規劃。圖譜思考不只可以輔助掌握動態轉折，也可以把複雜的資訊進行更細膩有效的處理，讓思考更全面，更能覆蓋不同的可能性。

企業經營就好像打牌、下棋，要考慮現在的布局，也得盤算好未來的步驟，以及競爭者可能的反應與招式，隨時見招拆招，動態調整，無招勝有招、無劍勝有劍。企業經營唯一的答案，就是沒有標準答案。

當世界變化愈來愈快，掌握一門知識一個技能，就可以在一個行業

高枕無憂的時代已經不復存在。坊間很多書籍談理論、作學問，或是講述成功人士的豐功偉業，內容很有趣，但卻不知如何使用、何時使用，且當情境轉換時，可複製成功性不高。

當企業遇到問題時，使用過去的經驗或答案，經常會碰壁，企業沒有考古題，也不允許你請假、重考，企業競爭不斷在改變，競爭者拚命往前走，不讓你休息。唯有聰明去學習，去觀察了解周遭的事情，了解你的資源是有限，也要了解各項目標彼此是有衝突的，所以要做出選擇，找出方法，訂出步驟，決定次序，然後建立能力。

這本書希望能提供一個充滿觀念、容易消化、可反覆思考，不斷精進的思維方法，而不是答案。本書沒有順序，可跳著看、挑著看，看過反覆看，書放在身旁，碰到相關情勢拿出來參考利用。伴你一年、助你十年功，希望長相守助你面對各個新挑戰。

本書圖例說明

各篇文章標題下方皆有以下圖例，代表該篇內容可應用之
範圍與難易度，分別說明如下：

（個）　本篇內容與「個人管理能力」相關。

（產）　本篇內容與「產品產業策略」相關。

（公）　本篇內容與「公司經營管理」相關。

（管）　本篇內容與「組織策略發展」相關。

（易）　本篇內容可應用層面較廣，難易度較簡單。

（中）　本篇內容可應用層面中等，難易度中等。

（難）　本篇內容可應用層面較專精，難易度較高。

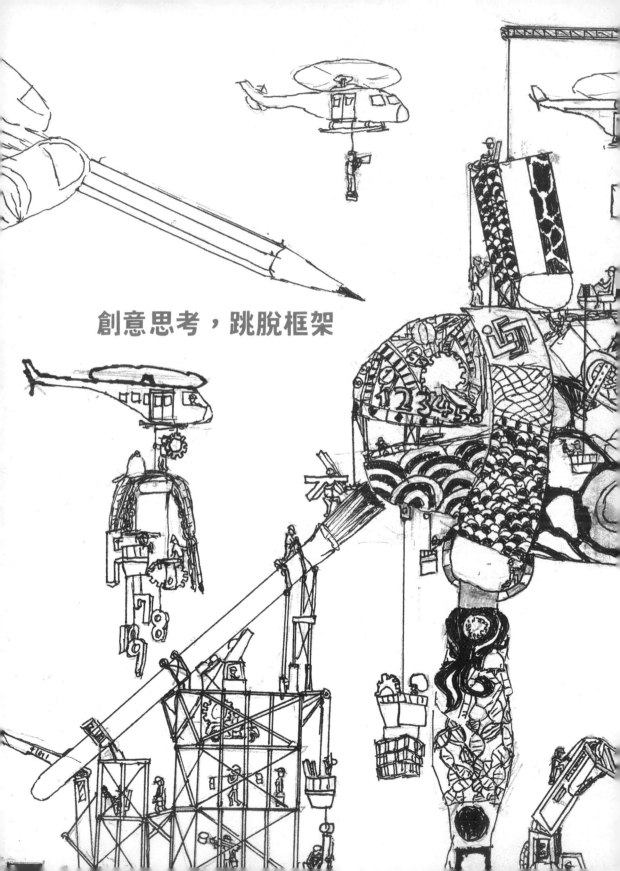

創意思考，跳脫框架

｜目錄｜
CONTENTS

Part ① 修身：增加個人功力

Part ②

齊家：打造產品競爭力

Part ③

治國：強化經營管理

Part 4

平天下：成為永續企業

Part 1

修身：
增加個人功力

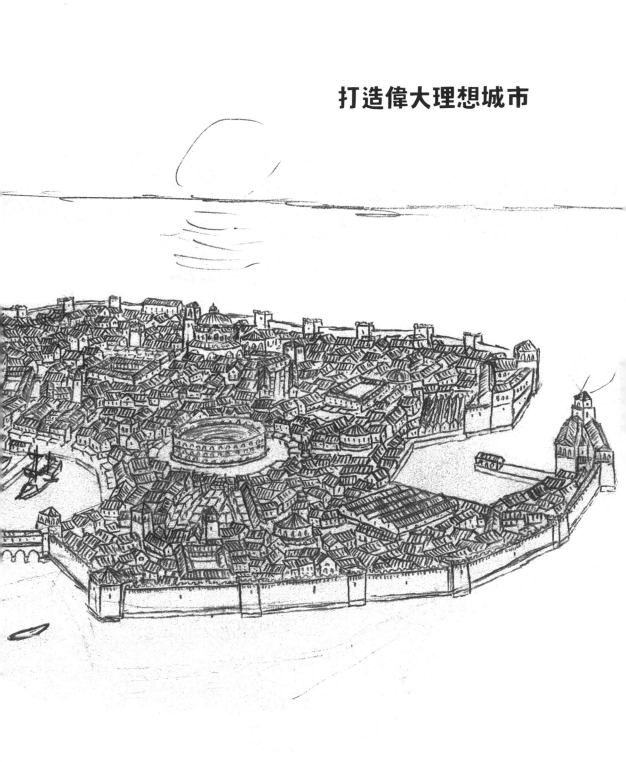

打造偉大理想城市

01

善用時間分配工作
──了解輕重緩急

  個 公 管 易

「輕重緩急」分類法

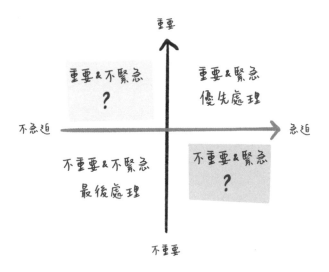

- 事有輕重緩急，力氣要用對地方。
- 優先處理：重要又緊急的事情。
- 最後處理：不重要又不緊急的事情。

「緊急＆不重要」、「不緊急＆重要」，要先處理哪一個？

人的時間有限，依據80/20法則，我們應該將80%時間心力放在處理「重要的事情」，大多數人卻容易直覺性地被「急事」所控制。如果選擇先做「緊急＆不重要」，就會讓原本「不緊急＆重要」的事情，往後拖延，最終變成「緊急＆重要」，因而疲於奔命、總是被工作追著跑。只要能依輕重緩急做好時間管理，絕對會有充足的時間，讓你在工作之餘還能享有娛樂。

「關鍵少數」PK「非關鍵多數」

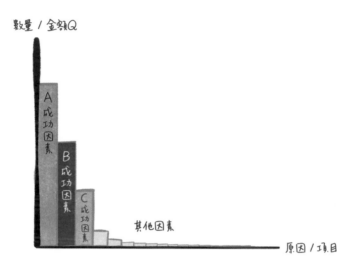

影響成功的因素：關鍵少數＋非關鍵多數。
- 關鍵少數（A+B+C）：占八成以上的影響力。
- 非關鍵多數（其他因素）：僅二成的影響力。

解說

　　影響成功的因素多不勝數，常讓人不知從何處著手。若將每項因素的影響比重大小進行排列，可發現前三項因素，竟擁有八成以上的重要性。只要能夠掌握決定勝敗的「關鍵少數」，就可以解決絕大部分的問題，而不用耗費資源，處理其他的「非關鍵多數」。

02

把複雜的事情變簡單
——分析過去，預知未來

困難的問題，用魚骨圖解決

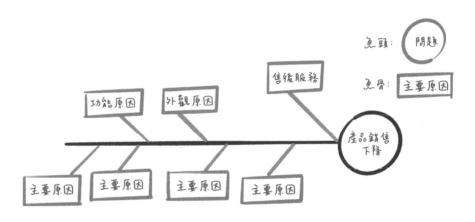

魚頭：問題。
魚骨：主要原因。

困難的問題，用魚骨圖解決

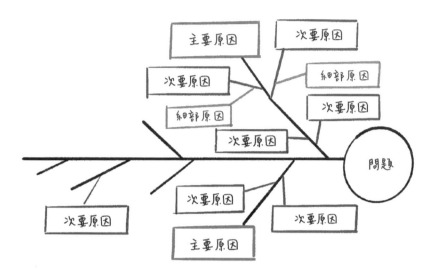

大魚刺：主要原因。
中刺：次要原因。
小刺：細部原因。

解說

　　思考方向有兩大類：一個是分析過去，找出原因。一個是預知未來，制定對策。魚骨圖是一種發現問題「根本原因」的方法。透過分層拆解問題成因，抽絲剝繭，列出問題的主要原因、次要原因以及細部原因，進而提出改善策略，適用於品質管理。

決策樹預知未來

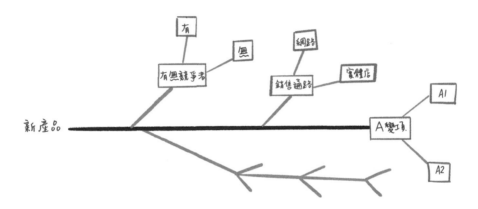

A 1 和 A2：相互獨立，完全窮盡。

解說

　　決策樹與魚骨圖相反，是預先思考未來，分析各種可能性，無所不用其極地羅列各種與決策有關的變數，再分析這些變數的可能結果，模擬各種可能路徑，推演擬定下一步對策。例如，人工智能圍棋AlphaGo事先演算每一步棋的各種可能性，再進行比較，計算出最優策略。

03

成功的第一步
——目標管理

目標管理：三種射箭方式

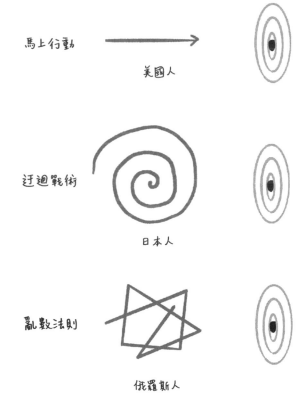

三種箭法耗費的資源與時間各不相同。

　　不同的文化思考形成不同戰術策略，在企業經營上，各有所長。美國人看到目標、靶心，就傾盡資源、全力以赴，馬上衝刺。日本人則擅長迂迴戰術，不見兔子不撒鷹，反覆確認、耐心等待真正的目標出現。俄羅斯人的亂數法則，則有不按牌理出牌的奇效。牌局不同，擁有的資源時間各異，需要的戰術也不同。

看到目標就開槍？

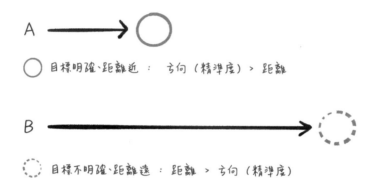

A →○

○ 目標明確、距離近： 方向（精準度）> 距離

B →⚬

⚬ 目標不明確、距離遠： 距離 > 方向（精準度）

解說

　　看到目標就開槍？目標管理並非一味往前衝，要先了解目標是否明確，而採取不同的策略。當目標明確時，重在精準度與快速衝刺；當目標不明時，需先從大處著眼，掌握大趨勢與方向，縮短與可能目標的距離，甚至可動態調整目標。

04

決策對了，帶來正循環 ──PDCA

 個 公 管 易

PDCA 的真義

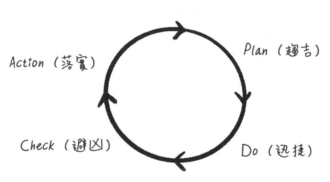

Plan（趨吉）：制定可獲利的目標與計畫。
Do（迅捷）：快速執行計畫。
Check（避凶）：偵錯、除錯，避免再犯同樣的錯誤。
Action（落實）：將好的成果落實為「標準作業流程」。

績效不斷上升式的循環

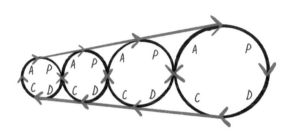

PDCA每轉動一圈，品質績效就提升一次。循環次數愈多愈快，
品質績效愈快速提升。

解說

　　PDCA就像練氣功時的基本吐納，其精髓在於檢核（Check）和行動
（Action），先謀後動，逐步檢視，促使PDCA成為績效不斷上升式的循
環。高手可在未解決或新出現的問題前，轉入下一個PDCA循環。

如何判別疾病訊號？

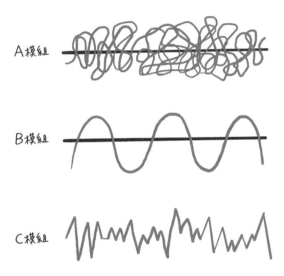

A模組

B模組

C模組

為公司把脈，如何解讀問題訊號？

人體有二十八種脈象。

先判別脈象模組（pattern），才能解讀訊號。

財務是公司的脈搏，涵蓋各種資訊。

解說

　　中醫透過把脈讀取身體訊號，重要的脈象有二十八種，醫生需先熟知這二十八種脈象的特徵 ，分辨疾病的型態，才能進一步診斷更細部的訊號。

　　要替公司體質把脈，應從何處下手？答案是「財務」。財務是公司的脈搏，涵蓋各種資訊。透過財務分析可以診斷公司的問題所在。首先判別問題類型，是存貨問題、生產製造還是成本問題。再進一步解讀正常的數字為何，異常的訊號又是如何。

如何取得最佳平衡？

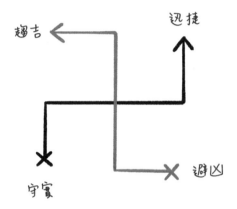

　　「趨吉」和「避凶」是禍福相倚，陰陽循環。趨吉之路可能暗藏凶險，凶到極致，也可能否極泰來。「迅捷」和「守實」則是相互矛盾衝突，積極搶占進攻和守住已有的果實，攻中帶守，守中帶攻，攻守取得最佳平衡。

我思考，我翱翔

05

職場最需要的跨界力
——不敗的 T 字功力

建立職場不敗的 T 字功力

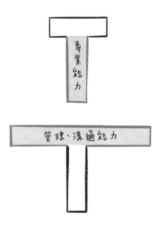

- T 字的┃：專業能力。
- T 字的━：管理、溝通能力。

解說

　　要建立職場不可取代的地位，得擁有 T 字功力。一開始憑藉專業能力勝出，T 字的┃部分，愈長愈好。當晉升管理階層，則要擴充不同領域的知識、常識，如財務、法律、專利等，提升管理能力、溝通能力，T 字的━，愈來愈重要。切勿將知識、常識變成另一專業能力，T 字的━不是增加技能，而是建立更全面性的觀念。而擁有跨專業能力，成為溝通整合的利基型人才。

三足鼎立：打造企業最需要的跨界能力

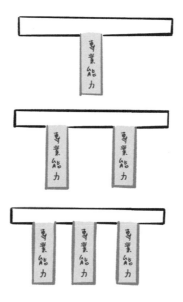

- 柱子：專業能力
- 一項專業能力：讓你立足。
- 二項專業能力：讓你更為扎實。
- 三項專業能力：讓你堅強實固、無往不利。

企業領袖：T字變圖釘

管理能力愈來愈廣，
專業能力比重降低。

解說

　　企業最高層級，如總統或跨國集團的領導人，T字的一，已經廣到像一個面，而T字的｜則縮小至只剩一根針頭。最高領導人憑藉的不是專業能力，而是更高的智慧。

06

為什麼「有溝而難通」？
──溝通的技術

   個 公 管 中

雞和鴨，為何無法溝通？

無效溝通：不知雞和鴨的不同。

雞和鴨不同，每個人個性也不同

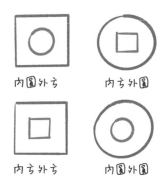

內圓外方、內方外圓、內方外方、內圓外圓。

每個「方」也不一樣

方的各種變形。

當外方遇上外圓

溝通是一門藝術。
有時候要圓，有時候要方。

　　不了解自己、也摸不清對方的個性，常常造成無效溝通，甚至反溝通。人是複雜的動物，有時候方不是真的方（「外方內圓」），圓不是真的圓（「外圓內方」）。當外方碰上外圓，外方的尖銳的「稜角」，對外圓而言，可能太尖銳，認為對方在指責自己。當外方遇上外方，對方的「尖角」，則是剛好而已。溝通是一門藝術，溝通欲有效，有時候要方，有時候要圓。

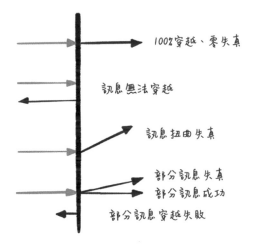

溝通中間有一道牆

100%穿越、零失真

訊息無法穿越

訊息扭曲失真

部分訊息失真
部分訊息成功

部分訊息穿越失敗

溝通障礙的型態，有以下三種：

- 阻擋：訊息無法傳遞。
- 遺漏：訊息量100% 變為50%。
- 扭曲：A 訊息變成 B 訊息。

　　日本品管大師狩野紀昭博士曾說：「既然溝通有那麼多問題，乾脆不要溝通，就沒有溝通問題。」這句「反話」，恰恰道出溝通的困難，人和人的溝通，中間是有障礙的，常常是「有溝而難通」。「溝通」中間有一條「溝」，彷彿一道牆，這道牆因為背景文化專業……等差異而成，訊息穿牆而過，常有各種失真。但是溝通的雙方，卻常認為自己所發送或接受的訊息，就是全部。溝通失真是常態，千萬不要說「我不是跟你說過了嗎？」失真，就代表有問題，要檢討真正的問題何在。

溝通是一條雙向的通道

單向訊息傳遞:ex. 宣傳

溝通是雙向的,包含回饋

回饋

解說

　　溝通是為了誰?當「溝通、溝通、再溝通」,卻始終無效,很可能是陷入「反溝通」,「反溝通」是只為一己、獨斷獨行的溝通。溝通的本質是雙向,為了了解彼此的狀態。溝通是雙向的,必須包含「回饋」(feedback)的訊息,並針對回饋再處理。沒有回饋的溝通,只是單向宣傳。無論是企業的內部溝通或是對外的客戶溝通,溝通目的是為了達到共同效果或共識。溝通數量與人數呈正比,因此,大規模的溝通充滿挑戰。了解群體溝通之複雜不易,才會更有耐心去解決。

人數愈多，溝通愈複雜

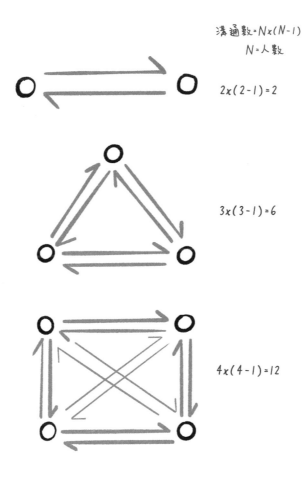

溝通數=$N \times (N-1)$
　　　N=人數

$2 \times (2-1) = 2$

$3 \times (3-1) = 6$

$4 \times (4-1) = 12$

沒有共識，無法共事

　　每一位企業領導者，在管理上總會遇到很多衝突，如何解決這些衝突，並能兼顧整體利益思考，永遠都是一個最重要的課題。在數十年的企業生涯中，我不斷遇到各種大大小小的衝突問題。

　　研發部門怪業務亂承諾客戶、工程部門抱怨採購老買便宜貨、專案經理怪大家都不配合，專案進度延遲……，不同部門間，互相指責怪罪，彼此爭鬧不休，諸如此類的溝通衝突是許多公司的日常。

　　組織有衝突其實很正常，沒有衝突才應該擔心，最怕的是粉飾太平，連吵架都不願意。我曾經受託去了解一家半導體公司的營運問題，看完後，我婉轉地搖搖頭回道：「我實在愛莫能助。」

　　因為我發現那家公司開會時是一團和氣、從不爭吵。但是私底下，卻相互批評、抱怨連連，業務嫌工廠做不出產品，工廠的人則批評業務不會銷售，各部門存在很多矛盾，這些矛盾在開會時卻從未浮現。進一步了解後我才知道，他們之所以不願在開會時指出真正的問題，是因為大家都有責任，害怕說出來後要負起責任。很多公司強調「以和為貴」，可惜只停留在表面上的人和。衝突，至少是面對問題的起始，害怕衝突，連解決問題的第一步都無法跨出。

部門之間的溝通衝突，常常是「公說公有理、婆說婆有理」，公、婆雙方都言之成理、各有各的苦衷。

以產品開發為例，開發時程延遲常引爆企劃和研發兩部門間的衝突，造成延宕的主要原因之一是規格改變。研發人員認為，如果企劃人員給的是完美不需更改的產品規格，開發計畫就不會延遲。但企劃人員為了服務客戶、因應市場變動，修改規格時也有理直氣壯的依據。

又或者，產品銷售預測改變影響生產計畫的安排，造成銷售和生產部門的爭執，並陷入無效溝通的陷阱。銷售預測數字如果太高，生產部門會抱怨訂單太多來不及生產，但是對銷售人員而言，若要預測完全準確，只能提交保守的最低預測，並且不接超出的訂單。但預測太少或不足，會讓公司錯失市場商機，預測過分樂觀又會造成實際訂單不如預期，備料過多、生產過剩、人力閒置等問題。

問題不在答案，而在問題本身

無論是銷售預測或是開發時程，衝突的雙方都言之成埋，形成一個雞同鴨講的溝通黑洞。無效的溝通，問題往往並不是出在答案，而是出在問題本身。

設定營業目標的背後存在一個思考陷阱，就是目標設定太過單一。當預測目標只有一個，數字不是高就是低，結果不是成功就是失敗，陷入非黑即白的思考困境，把目標達成結果變成沒有彈性的是非題，很難在營運進行過程中做有效之溝通。

跳出這個思考陷阱的方法，就是把是非題變成選擇題。我們不去設單一目標，而是模擬可能情境改變為三個目標。一為必達目標，即不論如何都使命必達的「切腹目標」；二為計畫目標，即評估情勢研判的最可能數字；三為挑戰目標，即所有情況都順利無誤時，可能達到的最高點。所有部門根據這三項目標，依計畫目標為基準，準備在狀況不好時，也能堅守必達目標，在狀況良好時朝挑戰目標衝刺。這樣的目標設定大大的促進各部門集體應變、集體挑戰的溝通。

　　除了將目標訂定得更細膩、更可操作化，也要協調銷售和生產人員建立變動是不可避免的共識，在快速變動的市場環境下，客戶需求會變動，競爭者隨時會出新招，產品更要不斷精進。

　　組織因為部門又要分工、又得合作，所以需要溝通，弔詭的是，因為過度強調分工反而導致溝通不良，形成立場對立或分歧。許多無效溝通，問題並非出自溝通本身，而是因為溝通背後的共識基礎不足。沒有共識基礎的溝通，常是各說各話，只有「溝」沒有「通」。

　　組織必須先建立「共識基礎」才會有「共事基礎」，沒有共識基礎的分工必會造成部門之間的衝突，舉例而言，應用服務是面對客戶的第一線人員，當他們把客戶的抱怨回報給品質部門時，品質人員常抱持質疑的態度：「他們（客戶）什麼設備都沒有，憑什麼嫌棄我們的高檔貨？」或是抱怨客戶不會用。為解決這個無效溝通的迴圈，我們讓品質人員親上第一線去拜訪客戶。當第二線人員到第一線時體會到客戶的狀況後，很快的大家就會討論出解決的方法。

建立「共識」才能一起「共事」

部門裡各單位對彼此的了解也是很重要的。我在電子所擔任作業部經理時，團隊績效很好，是公認管理最好的部門。有一天我做了一個實驗，才發現團隊間各單位彼此認知居然有很大的落差。

作業部分設採購、物料及進出口三個課，我請每位課長寫下自己認為應該提供給其他課的資訊及服務，以及自己期望從其他課獲得的資訊及服務。結果出爐，交叉比對後，發現彼此之想法竟有一半以上的誤差。例如，別人覺得你該做的，自己卻沒列入；別人不需要的，自己卻當成重要的項目。一個大家公認默契良好的團隊，竟然仍存在那麼大的認知誤解，可見建立共識是一件多不容易的事！

建立「共識」才能一起「共事」，但是「共識」不等於意見完全相同。我有一位美國同事能力強、效率高，有一天他跑到辦公室和我大吵、爭執不下，他說：「我認為你是錯的，憑什麼這麼做？」我回答：「因為我要對這個事情負責，無論你的判斷再好，我還是得依照自己的判斷做決定。」話音剛落，他砰　聲甩門而出。五分鐘後，他又轉頭回來說：「我還是不認為你是對的，但這不表示我會辭職。」我認為這才是溝通。

所謂「君子和而不同」，能夠「同中存異、異中求同」才是真正的共識。唯有建立共識，才能破解無效溝通的迴圈陷阱。

Part 2

齊家：
打造產品競爭力

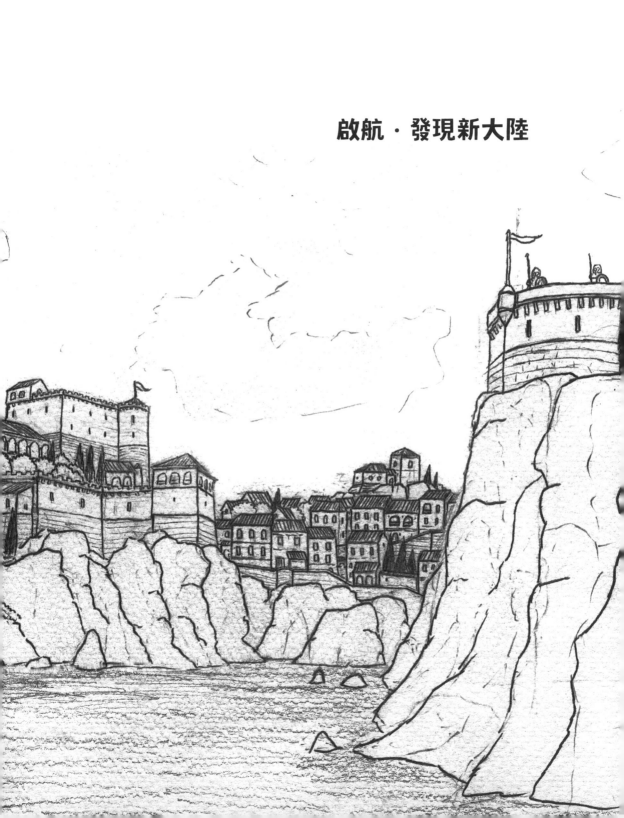

啟航・發現新大陸

07

品質與速度的兩難
——取決市場成熟度

 公　產　個　中

時間與完美度的折衷

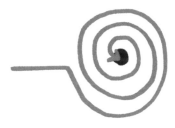

用時間換取完美

用完美度換取時間

時間與完美度的最佳折衷

圓圈數：投入的時間與資源

●：目標

　　產品開發就像閉門練功，天下武功就是比快，無所不用其極的搶快。過度追求完美是一種資源的浪費，追求效率往往會犧牲品質，品質與效率如何取得最佳平衡，才是真完美。企業做決策時，決策效率與決策品質也是魚與熊掌的兩難，謀定而後動，決策品質較高，但謀定要花費更多時間。當機立斷、倉促行事，卻又往往會造成失誤。「慎謀能斷」則是時間與完美度的最佳折衷，快速盤一圈大勢，迅速找出目標，馬上行動。

08

你的產品是大象還是魚群？
──視市場特性，選擇進入策略

  公 產 管 難

「新市場裡的新產品」：及早上市比品質完美度重要

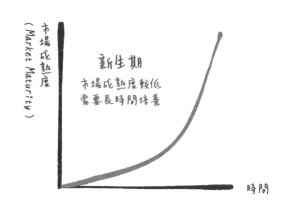

新市場起步時，需較長時間培養。

市場新生期特質：市場剛起步，無其他競爭者，

尚無替代性的全新產品。

新生期的最佳市場策略：「盡早進入」。

解說

　　市場環境不同，策略也不同，正確分辨所處市場環境，才不會策略錯置。新市場剛起步，需長時間培養市場和需求，不宜立刻擴大生產規模。但為了掌握先進者優勢，可以「及早進入」為先期目標，及早上市，因此可邊培養市場、邊改善品質，此時若為追求完美品質，除了錯失領先進入的機會外，也可能過度消耗資源在不見得需要的地方。

54　齊家：打造產品競爭力

「現有市場的新產品」：品質比速度重要

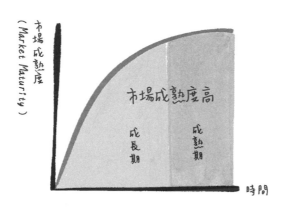

成長期或成熟期：市場已有其他競爭者，為替代性的新產品。
成長期和成熟期的市場策略：「品質第一」。

解說

　　若市場有其他的競爭者，價格具備競爭性就很重要，但產品的品質與功能亦為勝出關鍵，若為了搶快占有市場而推出品質不佳的產品，會失去消費者的信任。競爭策略需謀定而後動，三箭齊發：品質好、服務好、價格便宜。絕不能因市場很大，而盲目躁進衝刺。

產品究竟是在快樂谷還是在死亡谷？

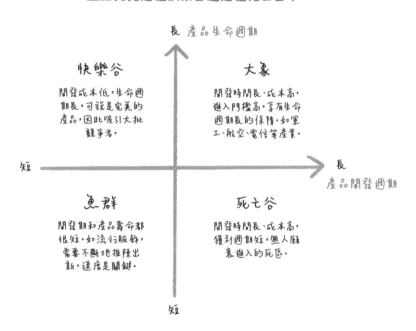

產品生命週期有長有短，產品的開發時間也是。

- 快樂谷：開發成本低，生命週期長，可說是完美的產品，因此吸引大批競爭者。
- 死亡谷：開發時間長、成本高，獲利週期短，無人願意進入的死區。
- 大象：開發時間長、成本高，進入門檻高，享有生命週期長的保障。如軍工、航空、電信等產業。
- 魚群：開發期和產品壽命都很短，如流行服飾，需要不斷地推陳出新，速度是關鍵。

解說

　　推出產品時，要了解產品是位在死亡谷還是快樂谷，以及掌握開發時間長短與生命週期長短。產品壽命愈長，產品獲利時間愈長；產品開發時間愈長，進入門檻愈高。「快樂谷」開發時間短、生命週期長，人人都想去，但也常有新產品的加入，搶分一杯羹。

09
別讓你的產品「生不逢時」
──生辰八字決定產品命運

公　產　個　易

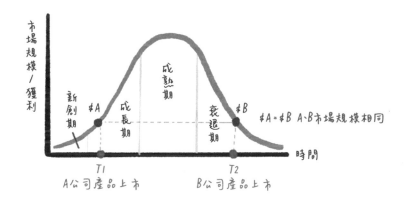

市場生命週期

所謂產品的生辰八字即是落在「市場生命週期」何處,市場生命
週期可大分為市場新創期、成長期、成熟期、衰退期。

A公司和B公司的某產品(以下簡稱A產品、B產品),相同規
格,上市時間T1、T2不同,雖然上市時市場規模相同,命運卻
大不同。因為產品生辰八字決定了產品的未來(兩者發展差異見
下圖)。

出生於市場成長期的Ａ產品

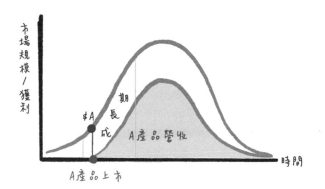

市場正蓄勢待發，競爭者少，Ａ產品擁有和市場一起爆發的成長潛力。淺藍色區塊面積為Ａ產品營收，比Ｂ產品營收（下頁圖的淺藍色區塊）大很多。

誕生於市場衰退期的 B 產品

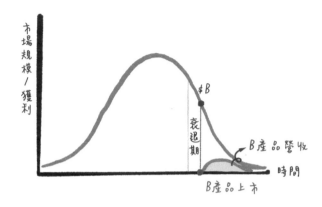

整體市場開始由盛轉衰，B產品的回收期只剩短短的一小段。淺藍色區塊的面積為B產品營收，比A產品（上頁圖的淺藍色區塊）小很多。

解說

　　A、B兩公司產品，規格一樣，命運卻截然不同，關鍵在於生辰八字，他們在「市場生命週期」的不同階段上市，A產品是在旭日東昇的「成長期」上市，B產品則是夕陽無限好，只是近黃昏的「衰退期」上市。生辰八字的差異，讓兩者所面臨的市場挑戰與機運也完全不同。「成長期」市場充滿機會與不確定性，開發成本高，成功率較低，一旦成功，市場潛力無窮。「衰退期」則相反，產品確定性高，開發成本低，設計更精良，但是回收期卻比較短，獲利空間有限。錯失商機、上市太晚的產品，應及早壯士斷腕。

短市場生命週期

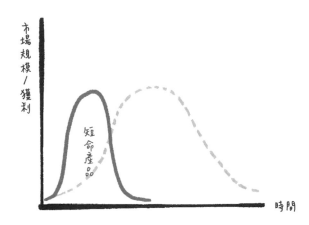

每個產品有各自的產品生命週期,產品生命週期有長、有短,短生命週期產品來得急、衰退快。長市場生命週期產品則是產品長青,又有長期獲利,獲利多寡即如左圖呈現,虛線內的面積會比實線內面積大。

產品壽命延長

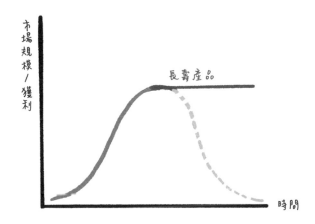

再造第二成長曲線,使得成熟期不斷延長,衰退期往後遞延。

　「產品生命週期」有各種變型，一個新型小家電，過去可以銷售三年，如今，同類產品只能在貨架上擺三個月，這就是「短生命週期」。市場競爭激烈迫使企業更加速地更新換代，產品生命週期縮短。而愈晚進入，市場愈被擠壓。而領先的廠商可透過創新改變產品生命週期，增加功能，擴大市場，延長壽命、延伸獲利，再造第二成長曲線，而成為超長生命週期產品，創造最大利益。

10

成功最重要的關鍵
——得先機者得天下

公　產　難

進入市場時間和市場競品關係

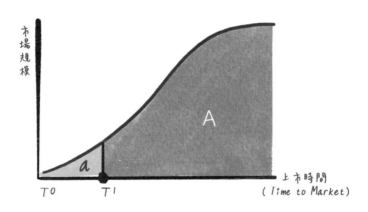

A 產品上市時間從 T0 延到 T1，慢了一小步，一般以為耽誤的只是前面一小塊市場面積 a，仍可樂觀期待後面還有一大片市場面積 A。

市場先進者，進入市場時間影響較小

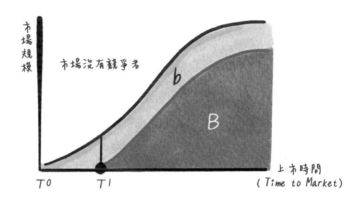

在沒有競品的情形下，上市時間延遲，影響雖然較小，但失掉的不只是上頁圖的a，而是本頁圖的b。即原來以為還有的 A，結果只剩下 B。短短慢了三個月，可能營收大減，獲利減半。

市場後進者，進入市場時間影響極大

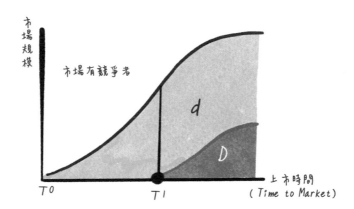

若在延誤期有競爭者搶得先機，將嚴重影響產品的整個發展，頓時失去大半市場的機會 d。原先以為還有 A，最後可能只剩下面積最小的 D。

> **解說**

市場什麼都不缺，唯獨缺少耐心。一般以為，慢三個月，就是只損失三個月的營收。殊不知，慢三個月，可能損失大半市場，其他競爭者甚至可能因此搶得領先優勢。「得時間者，得天下」，掌握時間、及早上市是創新產品成功的最重要關鍵。今日的護國神山台積電，就是在晶圓代工產業先行拔得頭籌，一路擴大領先優勢，讓台灣半導體產業在世界上發光發熱。

攻城掠地，你如何出手？

11

傑出方程式
──加速 + 提速

上市時間與營收關係

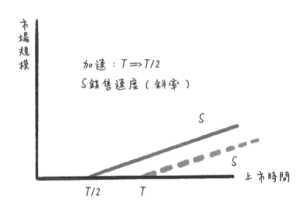

開發上市時間縮短：把 T 變成 T/2，市場營收可以提前。

銷售速度與營收關係

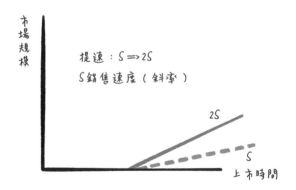

產品上市後加快銷售速度，提速一倍，把 S 變成 2S。

新產品大獲成功的傑出方程式

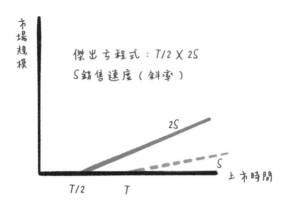

市場規模

傑出方程式：T/2 X 2S
S銷售速度（斜率）

2S

S

上市時間

T/2   T

傑出方程式＝縮短開發上市時間 × 加快市場滲透速度
傑出方程式＝T/2×2S

解說

　　傑出方程式是時間管理和速度管理，縮短開發上市時間，加快市場
滲透速度。無所不用其極的設計工作方法，例如「串聯改並聯」，串聯
是先做A工作，後做B工作。「並聯」則是A、B兩者同步進行，節省一
半時間（T變成T/2）。此外，減少不確定造成的時間延誤，提早準備
雨天備案，銷售時，增加人力、廣告預算等，把銷售速度椎速（S變成
2S）。總之，「傑出方程式」就是無所不用其極的搶時機、搶先機。

12

根據優勢，找到市場定位
——招子放亮，勿入地雷區

小心！避開你的市場地雷區！

產品市場 競爭策略	系統產品	大宗產品	利基型產品
技術	英特爾 (CPU)	地雷	SMC (Hard Disc, Floppy)
生產力	地雷	德州儀器 (Memory)	地雷
服務	超微 second source (CPU)	地雷	AMI (ASICS)

- 大宗產品：競爭策略靠的是生產效率與低價；若主打技術與服務，則進入地雷區。如大賣場裡的衛生紙、沙拉油、白米。
- 系統產品如雲端系統、通訊交換機。如專門公司，水電行、工程公司。
- 利基型產品指量小、競爭少、價值高的產品，例如高速記憶體、電腦工作站（workstation）。靠生產力大量製造，低價競爭是沒用的。如專門店的有機食品或百貨專櫃裡的精品。

　　重要策略是選定最適合的市場區隔。同樣的產品，有不同的市場區隔和鎖定的消費(客戶)族群，一旦選錯市場區隔，誤入賠錢的地雷區，再努力也不會成功。如明明位於大宗產品的市場，卻主打技術與服務，是錯置資源。系統產品和利基產品的成功要素是高技術和更好的服務，若強調生產效率則落入注定賠錢的地雷區。早年聯電的核心競爭力在於生產效率及服務能力，聯電曾經嘗試做微處理器與英特爾競爭，最後選擇放棄，因為CPU（中央處理器）的核心價值不是低價製造，而是技術創新和專利。若以大量製造民生用品的低價策略去搶軍用市場，即使搶到訂單，不但做不好也不會賺錢。

八分進攻，二分防守

1984年，聯電成功上市，吸引許多新的競爭者看好IC產業發展，紛紛加入戰局，包括華隆微、華邦、旺宏等半導體公司，面對新競爭者來勢洶洶，聯電也嚴陣以待、研擬因應策略。

面對新競爭者的挑戰，這場仗究竟該打或不該打？再者，聯電應該採取防守策略，守住既有江山？還是棄守舊地，選擇開疆闢土，創造新藍海？前者必須與新競爭者進行價格戰、行銷戰……等各種肉搏戰，後者專注於創新、新技術或新市場，面臨未知的不確定風險。選擇積極創新，既有的市場可能不保，選擇防守策略，又可能兩敗俱傷。

無論人生或是企業，常常陷入「二選一」的困境。「價格殊死戰」究竟該打或不該打？「進攻」或「防守」要如何抉擇？都是天人交戰的兩難，也是思考上的陷阱。

「二選一」的思考陷阱在於「非黑即白」，但真實的狀況往往是，有時候必須進攻，有時候則需要防守；價格殊死戰也是有時候能打，有時候則不能打。

後來，我們決定採取「八分進攻、二分防守」的策略，透過區分主戰場與次戰場，主戰場採取進攻策略，次戰場則以防守為主，跳脫「二

選一」的困境。

　　所謂「八分進攻、二分防守」，就是當競爭者來搶我們的市場時，我們只運用兩成的兵力與他們對抗，保留大部分資源人力轉向開發性能更好、功能更多、價值更高、更先進的產品，開拓更具潛力的新市場。所謂「技術產品創新才是最佳的防守」，企業唯有不斷提升自身的競爭力，才能真正立於不敗之地。

防守只是讓你不輸，或是少輸

　　當年聯發科尚未成立前，聯電內部規劃該產品線時，對於是否要進入CDROM／DVD市場，內部曾有激烈的討論，意見相當分歧，因為其中有很多技術領域是我們不曾接觸過的。

　　卓志哲（編按：前聯發科技總經理）認為該項產品是結合光學、軟體、機電控制及 IC設計的整合技術，難度相當高，如果我們可以做出來，技術門檻將大幅提升，別人是很難抄襲的，價值效益相當高。因此聯電決定進行該項計畫，後來聯發科順利成立，打下一片天，就是當時追求創新及價值的結果。

　　「沒有一場戰爭，是靠防守打贏的」，防守只是讓你不輸，或是少輸，因此，防守戰永遠不會是主戰場。市場上永遠不斷會有新的競爭者加入，就算打敗眼前的競爭者，搶回市場，還會有下一個更厲害的競爭者出現。台商面對紅色供應鏈的步步進逼，也陷入相同的困境，如果看不清局勢，傻呼呼地鬥氣、陷入泥巴戰，那麼數年後就和這些競爭者完

全沒有差別了。

防守只能是戰術，而不能當成最高戰略。很多人不明白這個道理，不想辦法去開創新事業，另闢新戰場，而是一味固守在舊事業，打一場看不到未來的戰爭。更有些人為了爭一時之氣，與別人進行訴訟纏鬥，將大好時間浪費在沒有策略意義的事情上，實在得不償失。

「不能全部防守，但是也不能完全不防守。」如果我們把主要戰力拿來與新競爭者對打，進行削價競爭，傷敵三分，卻自損七分，實在得不償失。但又不能白白地將大片江山拱手讓出，一則會造成客戶使用不連貫，且可能誤以為我們競爭力不足，二則會損失成本回收空間。

因此，聯電選擇「二分防守」，繼續銷售舊產品，能賣就盡量賣，把成本利益盡快回收，再拿去開發更先進的技術及產品，力圖搶下更新的商機。

在防守尾聲時，我們也不惜使用焦土政策，把價格打爛了再退出，以免競爭者吸收養分，然後用在新產品開發。換言之，「價格戰」並非一無是處，只要應用得當，也可以是一個不錯的武器。

一般進行防守戰時，大多是採取「無差別攻擊」，無論對手是強是弱，一律採取相同的策略，因而產生不必要的資源浪費。「無差別攻擊」，其實是一種常見的「全有或全無」的思考陷阱。

根據我的經驗，可以先將競爭者區分為兩大類：強和弱。觀察對手

是否有長期競爭潛力，如果沒有，大可不予理會。只需加強宣傳自家產品及服務，如品質、交期等等，並且提醒客戶，低價產品將無法提供長期的品質保證，且無法持續穩定供貨。將不具威脅性的競爭者排除後，則可以更集中火力、專注對抗較強大的對手。

切忌主動渡河引戰，而要「半渡而擊」

面對強勁的競爭者，可採用的策略要注意跳脫「你死我活」的「二選一」思考陷阱，因為除了「你死我活、你活我死」外，仍有其他可能性。

最好趁著競爭者羽翼未豐、公司規模尚未茁壯前，把握最佳時機，將其一舉擊潰。如何引戰也是關鍵，切忌主動渡河宣戰，過河打仗費兵費力，敵人即使失敗也不會大傷，過些日子又會來犯，這就是孫子兵法中的「半渡而擊」，當敵人渡河到一半，耗費大量資源成本後，再給予重傷痛擊。

交戰結果有二：對手不堪一擊或難以制伏，如果是後者，打不死敵人，就把敵人變成自己人，將對手變成夥伴，甚至將它納入版圖，就是「二選一」之外的第三個選項。

倘若對手打不死又無法成為自己人，還有最後一招殺手鐧 ——「區隔化策略」。

英特爾因應超微之戰，可說是「區隔化策略」的經典戰役。當年超

微異軍突起，英特爾絲毫不敢輕忽大意，當發現無法消滅對手，又無法相互合作時，英特爾便將地盤劃分為九宮格，如微處理器（CPU）產品就分成桌上型與筆記本型電腦兩大類，再依產品效能、耗電量、供應電壓，以及功能組合特性，將CPU的產品線細分為九種以上的區隔。地盤劃分完成後，英特爾接著設法將超微匡鎖在九宮格中一小塊區域，英特爾將戰場限縮在有限的範圍內，藉以困住並消耗對手的戰力，讓其無力拓展區隔以外的市場。

「區隔化策略」劃定戰區範圍，將對手牽制在特定區塊，雙方只在一部分的產品進行競爭，藉以保護其他更大範圍的產品市場不受其影響，可以繼續保有獨占的優勢。

對英特爾來說，公司規模較大，微處理器的利潤又高，如果全面進行價格殊死戰，自己恐怕受損龐大。因此英特爾將超微的產品線鎖在小方格中，只在小戰場中和他對打，即使犧牲一些利潤也無所謂，但是在其他產品線則依然保有著獨占的利潤，持續維繫長久以來的龍頭地位。

我覺得「區隔化」是最好的防守策略，「區隔化屏障」可把對手來勢洶洶的競爭戰力大幅減弱；但要注意的是，經過一段時間，競爭者最後還是會突破屏障，進入各個區塊，所以，新技術提升和新產品開發才是始終不敗的核心戰略。

「八分進攻、二分防守」，雖然是很簡單的概念，卻是我們處理事情很好的方法。任何一個思維上的死胡同，背後都暗藏著一條新活路，只要跳脫思考慣性枷鎖，山窮水盡後往往就能柳暗花明。

創新,才是最佳防守。
企業唯有不斷提升自身的競爭力,
才能真正立於不敗之地。

治國：
強化經營管理

繁盛富庶，攻守兼備

成功＝策略×執行力

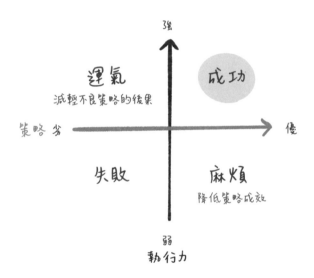

- 策略好且執行好＝無敵（成功）。
- 執行好，策略不好，結果會如何？

解說

　　在進行一項新事業或新產品時，採行的策略和執行力都是影響成敗的關鍵。策略不好，但如果執行力強，可以彌補、減輕不良策略的後果，運氣好時仍有成功的機會。相反的，明明有好的策略，卻沒有好的執行力，效果則會大打折扣。企業在面對不景氣時，往往會更重視執行力勝於策略創新，反之，當景氣大好時，具備創新能力的企業則會有突破性的發展。

競爭力雷達圖

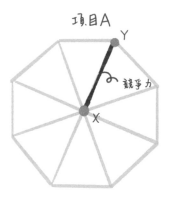

項目A：A可能是品質、價格、交貨速度……等。
A競爭力評分：X＝0, Y＝100。

解說

　　制定策略時，要先掌握和建立自身競爭優勢，才能在最適的市場中勝出。當企業只擁有一項核心競爭力時，對手可以模仿學習、虎視眈眈，但若能有兩項核心競爭力，布下雙層防火牆，對手兵臨城下的困難度將倍增。因為在群雄四起，變化快速的市場中，「一招半式可以打天下，但卻無法鞏固江山」。

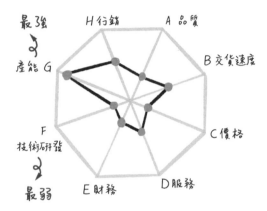

綜合競爭力雷達圖

企業綜合競爭力：列出各項目的評分。由此圖可知：該企業的強項是產能，最弱的部分是技術研發。

解說

　　企業想要勝出不能僅依賴單一項目，而是需要多元能力的綜合。但是，若一心追求各個項目皆滿分的八方美人，則是另一種迷思。費盡大量資源，卻是不可能的任務，過度追求全方位表現並不符合經濟效益，競爭力的提升，並非僅僅只是各項目的簡單加總。

知己知彼：與競爭者PK

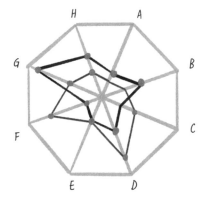

黑色：企業自身、藍色：競爭企業。
與特定競爭對手比較：分析敵我強弱。

知己知彼：與標竿企業PK

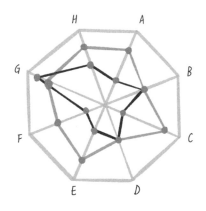

黑色：企業自身、藍色：標竿企業。
與最優秀的標竿企業比較：制定競爭目標。

解說

　　和特定競爭者進行比較，更全面性地了解自己與對手的強弱差距。
也可選擇行業中最優秀的標竿企業互比，更明瞭自己的市場處境，可針
對較弱項目制定改善目標。與競爭者PK時，最好能擁有兩項以上的主
要競爭優勢。

偵測客戶需求雷達圖

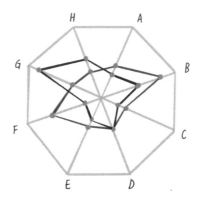

黑色：自身企業、藍色：客戶企業。

調查客戶需求、喜好進行評分。

加權項目可投入更多資源。

加權項目：B、F。

解說

　　透過客戶的需求雷達圖，可以發現哪些是客戶最在乎的重點項目，需投注更多資源，客戶需求性較低的項目，則可以策略調整。

競爭力也有臨界點

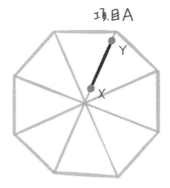

項目A

X：破壞性門檻，最低及格分數，否則會以一損百，「全功盡棄」。
Y：興趣消失點，分數再高，也不再增添效益。

解說

　　是否要為了完美，而追求100分？品質若好到超過「興趣消失點」，讓客戶或消費者對增加的分數無感，就是「過度完美」。「興趣消失點」是天花板，「破壞性門檻」則是最低及格分數。只要一科不及格，就會拖垮所有，導致「全功盡棄」。例如，品質太差，價格再便宜、交貨再快，也沒人敢買。即使產品力夠強，一旦行銷、配送、財務等其中一個環節基本功大幅落後，反而會導致企業無法運作，因此任何一部分都不可輕忽。

15

沒有核心競爭力，你算哪根蔥？
——與眾不同的利基優勢

企業經營如棋局

眼，就是地盤。

上圖的情況為假眼，亦即是隨時會被攻破的假地盤。

上圖的情況為真眼，亦即是不容易被搶走的地盤。

上圖的情況為死棋：真眼仍有弱點，對手雖無法入內搶地盤，
但是卻可以從外部圍攻。

上圖的情況為活棋：只有兩個真眼才是「活」，
活地盤完全不會被對手吃掉。

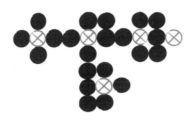

上圖的情況為一堆「假眼」：地盤雖然大，
但充滿破綻，隨時會被攻破。

解說

　　圍棋是一個搶地盤的遊戲，商場如棋局，企業經營和圍棋有異曲同工之妙。有時，即使棋子數量布滿棋盤，未必就是擁有地盤，又或者，當下占有的地盤，下一刻可能就會被對手吃掉。要建立固若金湯的地盤，要有兩個「真眼」，「真眼」就像是企業的「核心競爭力」，如品質、價格性能、交期……等。創業要成功，不但產品要有前瞻性，還要爭取足夠的時間做出兩個真眼，才能有真正的地盤「活棋」。同理反推，一個錯誤，尚不足以壞大事，倘若，同時發生兩件錯誤，管理者就必須嚴肅以對了。

技術高低與市場大小

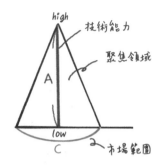

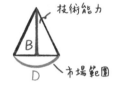

技術能力愈高，適合市場範圍愈大。
技術能力：A＞B
市場範圍：C＞D

解說

　　技術能力強者，能覆蓋的市場範圍較大，經營者不要太分散力量，
應將核心競爭力聚焦在成就領域最大的市場上，同時也不要輕忽競爭者
的學習、模仿，甚至加碼提升相對競爭力，想和你一較長短。

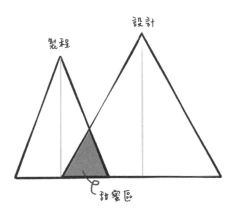

用雙箭擴大利基優勢

設計

製程

甜蜜區

甜蜜區：由兩支箭交集而成，支配市場的利基優勢。

解說

　　僅擁有一項核心競爭力，只能暫時領先對手，四面八方的競爭者仍緊追在後、虎視眈眈。真正獲利的「甜蜜區」，是擁有「雙箭」護身。雙箭即公司有兩核心力，並且在聚焦市場上有所重疊，藉此可擴大與競爭者的差距，因為對手要同時具備兩種技術才具威脅性。若同時擁有多項核心力，市場將更穩固。如當年英特爾就是擁有強而有力的三支箭：先進製程、電晶體設計、微碼（microcode）的智財權，在「垂直整合製造」（IDM）時代，稱霸半導體，無人能敵。直到「晶片專業代工模式」興起，在先進製程遇上台積電，在電晶體設計遇上AMD／Nvidia，在Microcode CISC複雜指令遇上ARM RISC精簡指令，產業典範轉移，英特爾的三支箭才漸漸失靈。

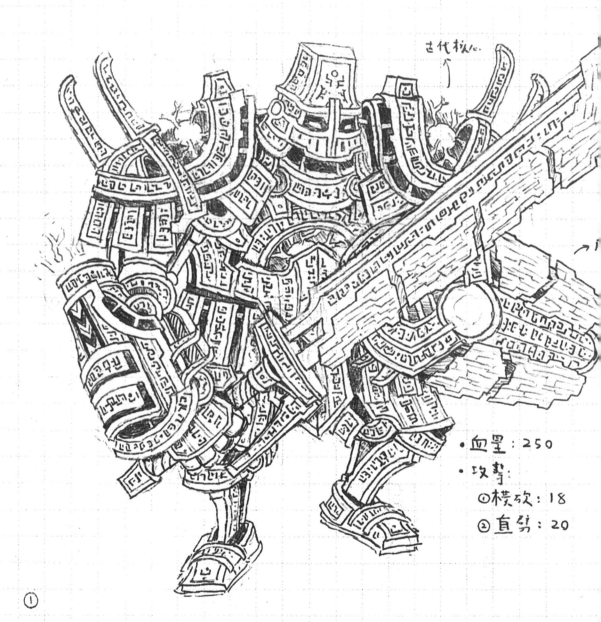

され様に

・血量：250
・攻撃：
　①横砍：18
　②直劈：20

①

你的核心競爭力是什麼？

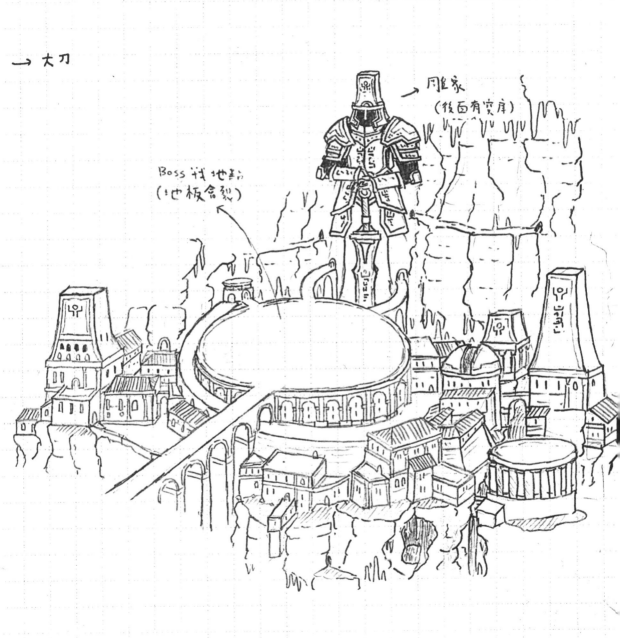

→ 大刀

雕家
(後面有寶庫)

Boss 找地點
(地板會裂)

16

什麼是賺？如何開始？
──掌握盈虧密碼，就能獲利

總成本＝固定成本＋變動成本

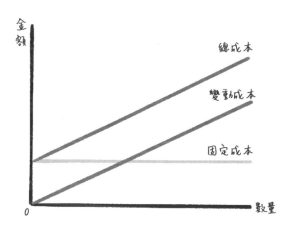

固定成本是你不生產也要花的錢。
變動成本是你投入生產所要花的錢。

獲利的起始點

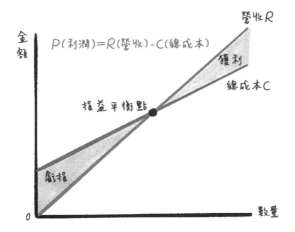

- P＝R－C
- 利潤＝營收－總成本
- 營收＝銷量×價格

在量未達損益平衡點時，你是賠錢的；在量超過損益平衡點時，
你開始賺錢。

盈虧密碼

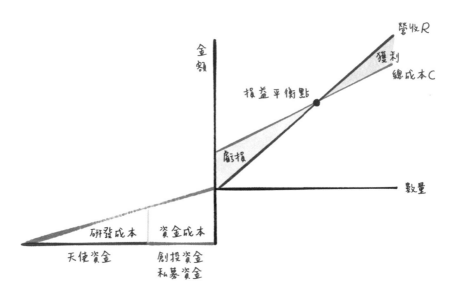

正式生產前的成本＝資金成本＋研發成本

解說

　　企業何時開始賺錢？密碼就在於找出損益平衡點（Breakeven point），唯有超過損益平衡點，才是獲利的起點。然而真正的獲利，必須得計算生產前的研發成本與資金成本，創業初期虧損是必經之路。

17

績效，不是一天造成的
——加快學習曲線提升

個 公 產 易

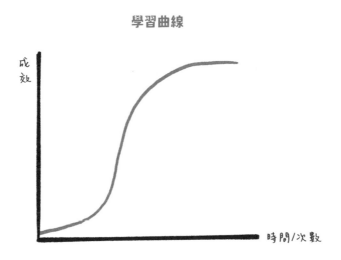

學習曲線

「熟能生巧」，學習次數愈多，效率就愈好，時間花下去就會進
步。產品製造也是如此，隨著經驗積累，可提升生產效率。

成本曲線

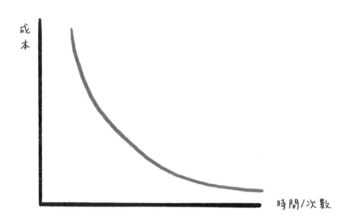

學習曲線用在生產製造,學習增加不僅帶來效率和進步,更會帶來成本的降低。價格是市場決定,成本靠自己努力。

解說

　　降低成本的模式有二:一是經濟規模,一是學習曲線。任何產品,在學習反曲點之前,都有一段「賠錢」的黑暗期。過此一臨界點,學習則會有突飛猛進的效果,可享受邊際成本下降,擴大獲利的好處。在學習曲線未達提升前,盲目增加產量,會讓你賠掉很多不需要賠的錢。

18

如何成功拓展新業務？
──循本身既有軸線發展

四大業務成長策略

四大業務成長策略，哪一個成功機率高？哪一個機會渺茫？

- 開發新產品：向現有客戶提供新產品。
- 多角化經營：開創新產品新市場、新客戶。
- 開發新市場：現有產品開拓新市場、新客戶。
- 市場滲透：現有產品在現有市場提升市占率。

解說

　　天降神兵式的開拓「新技術、新客戶」的全新戰場，承擔著高風險、高成本，成功機率較低。好的業務開展策略是要依循既有的技術與客戶軸線拓展，才會順勢成功。多角化很吸引人，但全新戰場的投入要審慎評估，量力而為。

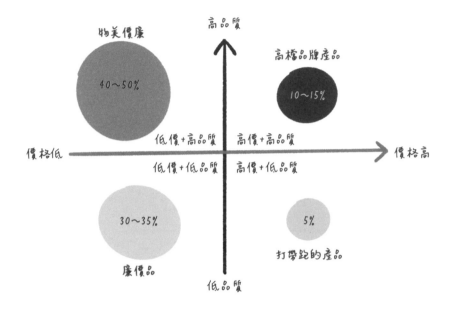

CP 值低的產品也有市場

(圖中標示)
物美價廉　40～50%
高檔品牌產品　10～15%
高品質
低價＋高品質　高價＋高品質
低價＋低品質　高價＋低品質
價格低　　　　　　　　　　價格高
30～35%
5%
廉價品
打帶跑的產品
低品質

- 物美價廉（高品質低價）：40 ～ 50%
- 廉價品（低品質低價）：30 ～ 35%
- 高檔品牌產品（高品質高價）：10 ～ 15%
- 打帶跑的產品（低品質高價）：5%

解說

　　任何產品都有相對應的市場，物美價廉、CP 值高的產品擁有最大的市場，但並不是全部的市場。價格高、品質普通的產品，仍然有它的市場，屬於「打帶跑」產品，如 CP 值高的貨品在架上熱銷賣完了，你只好退而求其次買打帶跑的高價品。傑出的銷售人員不怕賣相差的產品，而是如何找出產品的最佳銷售策略。

先勝而後求戰

在產業界服務了這麼多年，除了聯電之外，我也參與投資超過上百家公司，發現成功的企業或領導者，往往是「先勝而後求戰」，他們不是因為打敗敵人才獲勝，而是先知道勝利的契機，才會開啟戰爭。

戰爭尚未開打，如何能提前先看到贏的契機？

我的第一份工作是專門生產收音機電晶體的公司，當時市場需求熱絡，公司信心滿滿，對於獲利勝券在握。一開始，市場果然如預期，反應很好，但是漸漸地，產品開始愈來愈難賣，價格也不斷下滑。

公司檢視產品，並未發現任何問題，我私下四處打探，才驚覺原來我們產品居然是跟競爭者的次級品搶市場，他們可以不計成本地銷售。

當時的競爭者之一，是國際大廠快捷（Fairchild），他們將高性能規格的一級產品主攻軍用市場，價格好、利潤高，至於生產過程中一些不符高規格的次級品，就被他們賣到收音機市場。原來我們千辛萬苦生產的主力產品，對他們來說，卻只是清庫存的回收品，價格再低都可以銷售，完全沒有成本壓力。換言之，從一開始，雙方就不是在一個對等的基礎上競爭。

傻傻的我們沒先弄清楚市場遊戲規則和競爭者的商業模式，成為陪

玩的犧牲品。這是一場未開戰，就注定失敗的戰爭。知道真相後，我就選擇離開，沒多久，這家公司也結束了。勝者能夠在開戰之前，就掌握勝算，選擇值得投入的戰場。反之，看到不該投入的戰場，也懂得要趕快閃避。

你是先知先覺者，還是後知後覺者？

孫子兵法認為，大部分人是「先戰而後求勝」，戰爭都已經開打了，才開始想方設法的努力求勝。如果「先勝而後求戰」是先知先覺者，「先戰而後求勝」則是後知後覺者。

曾有傳統產業的人想要跨界進入傳統印刷電路板，問我有沒有機會，我的回答是：「這個行業對新進者已經沒有機會了，許多低階的產品早就因為成本考量轉移到大陸去了。」後來，他們還是堅持從最低階的雙層板開始，不出所料該公司花了錢學習，卻找不到獲利機會。

「後知後覺」者總是等到市場百家爭鳴、景氣最高峰時才加入，他們只看到滿夜空的璀璨煙花，以為市場需求大好，卻不知道這已經是派對的最高潮。後知後覺者往往搞不清楚市場狀況，不知自己已落後對手，還興奮地大肆加碼。這種情況通常是外行人或是跨行業的人，選擇進入不熟悉的行業。

有人幽默的比喻道，產業生命週期的起落就像股票市場一樣，連平常深居簡出的出家人都開始買股票時，就是股市要大跌的前兆，同樣的當連外行的人都跳進來投資半導體，也就是市場過熱了。

只看到產品本身的成功，卻看不見產品背後的時空環境變化，這就是很多人犯了「南橘北枳」的思考陷阱，同樣都是橘子，種在淮南是

橘，移到淮北卻變成了枳，同樣的事物，在不同時空環境下，意義已經全然不同。

「先知先覺」者懂得「審時度勢」，在對的時間、做對的事。什麼是對的時間、對的趨勢？最重要的參考架構之一就是產品生命週期，同一個產品，處於競爭者少的藍海市場，還是完全競爭的紅海，命運有著天壤之別。

能夠掌握產品生命週期的趨勢變化，善用市場大成長契機，借力使力，不但事半功倍，成功機率較高，即使遇到困難，也都可以迎刃而解、安然渡過。

善戰者不作無用之攻

美國電話機市場開放的龐大商機，許多公司業績因此大幅成長，其中也包括聯電。當時，由於市場需求強勁，電話機公司出貨數量快速成長，零件供應廠商、代理商的應收帳款也巨幅增加，大家開始對客戶的財務狀況提高警覺，深怕碰上呆帳。

其中有一家電話機大廠有財務危機的謠言甚囂塵上，很多供應商找我打聽消息，我並不作猜測，立即親自向該公司的董事長求證：「我們是多年的老朋友了，現在外界傳聞很多，請你把銀行對帳單拿出來給我看看。」這位董事長也很乾脆、二話不說就秀出對帳單，事實證明謠言完全是空穴來風，該公司的財務狀況毫無問題。

後來，這家公司業績蒸蒸日上，規模不斷成長。這件事讓我深刻體悟，一家公司只要把握產品生命週期中收穫最豐碩的階段，切入高成長的產品，即使財務一時吃緊，都只是短暫的考驗。反之，若選錯時機，

身處在不成長或衰退的行業中，即使資金資源再雄厚，都很難抵擋趨勢大浪退潮時的反噬力量。

善戰者不做無用之攻，看懂局勢再加入戰局，而不是戰爭都已經開打了，才絞盡腦汁找尋打勝仗的方法。好不容易看懂局勢，也搶到產品生命週期的市場先機，但還是常常發生「過與不及」，只因資源有限。「資源有限」是很容易被忽略的時空環境變數之一。

先知先覺、行動過早的人，花了高成本開發產品而領先，但往往會見獵心喜、過早衝刺，當真正市場起來時，已再而衰、三而竭。所有投入都在作功德，幫別人作嫁。

其次，即使行動適時，時機掌握十分精準，也要把資源用在主力產品，才可一舉成功。反之，如果把有限資源分散在太多產品，戰線分布太廣，結果將是熱鬧一場。

我認為在市場初生期或成長期初始，市場尚無其他替代性產品時，搶得先機者很容易因為嚐到一點甜頭而盲目擴張，當年影像電話公司因為衝刺過早而造成巨幅虧損，就是血淋淋的實際案例。

先知先覺而先發先至，成功機率自然較高，但有時候，即使稍慢一步，有些企業還是能夠後發先至，這也與資源多寡有關。後發先至者，通常是大企業，有著強大的資金資源當後盾，因此還有機會一搏，若是小公司或新創公司，先機已失，成功的機會也幾近於零。

最近流行一句話：「選擇比努力重要」，在對的時間、做對的事，比「把事情做對」重要。即使做的是對的事情，但卻選在錯誤的時間，無論如何努力都是徒勞。

快樂出航，居安思危，隨時應變

開發新產品、開發新事業，都是充滿希望令人興奮的事。在新創事業，有成功、有失敗，但也有很多不成功、卻不認輸的，能夠壯士斷腕的英雄畢竟是少數。

聯電早期得到電話機IC市場需求大增的商機，全力衝刺訂單增加產量。高興之餘，不禁擔心，盛況榮景何時結束，屆時我們會迎接什麼樣的庫存，什麼樣的倒帳？馬上見好就收可能會喪失業績獲利，再往前衝可能會有庫存、倒帳的風險。

為此，我們與同仁商討，衝一定要衝，但是招子要放亮，要看遠一些，不能完全聽客戶的，缺貨時他們一定跟你說好的，我們要找出「早期徵兆」（early indicators），來觀察市場是否有趨緩現象，提早應對。

首先，我們觀察電話機出口是用海運還是空運？缺貨時急著走空運，不缺時回過來走海運，當海運的單開始有時就是徵兆。

其次，我們請在美國的同學朋友們定期到電話機零售門市，問買電話要等多久，當不需等久表示庫存已經開始了，當隨買隨有時，庫存已太多了。

我們提前做模擬剎車的準備，密切注意市場變化，比所有同業早了三個月剎車，完全沒有受到影響，打仗要贏的精采，也要收的漂亮。

Part 4

平天下：
成為永續企業

理想國

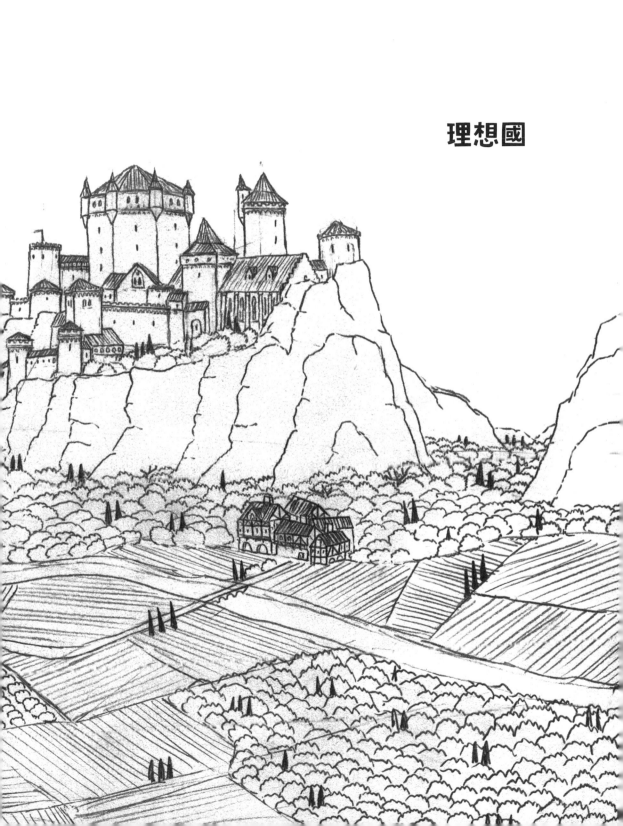

19

三箭交集還是聯集？
——檢視競爭力和管理效益

企業三箭交集

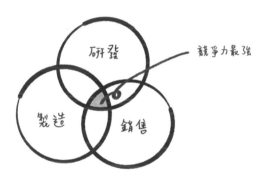

企業三支箭：製造、銷售、研發，各有各的強項。

三箭交集：三箭齊發，利用到三箭強項的產品競爭力最強。

企業三箭聯集

三箭聯集：企業可專注發展最鋒利的一支箭，不但自用還可以提供別人使用。自己不強的業務，可以委外，透過合縱連橫，創造最大價值。

解說

　　想站穩市場，製造、銷售、研發這三個條件，可說是企業征戰商場的三支箭。當企業同時擁有三支箭的能力（交集），且位於產品生命週期的成長期，可享受整段曲線的利潤，如英特爾；當企業不斷成長，各功能組織也不斷茁壯，將其獨立分拆，可產生聯集的效果，如聯電，分拆出聯發科、聯詠、聯陽、智原等公司。

把三箭畫成三角形看看

金三角競爭力：製造、銷售、研發組成金三角的各邊長，其形狀和面積，代表企業競爭力的強弱。

製造能力強，但是銷售能力普通、研發能力偏弱時，只能構成較小的三角形。

最具競爭力的「黃金金三角」

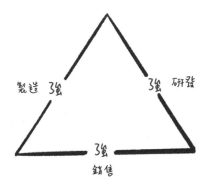

當製造、銷售、研發三項能力均衡配套發展都很強，則是最具效
力的「黃金金三角」。

解說

「黃金金三角」強調企業均衡發展，可獲得最大的經濟效益。當金三
角任一邊兵力不足時，可用委託外包方式，補強戰力。

從企業金三角看管理效益

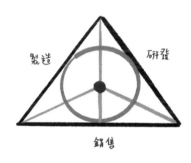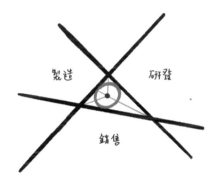

管理效益：金三角的中心點至各邊之最短半徑得出之圓。

- 左圖：圓形面積愈大，管理效益愈大。
- 右圖：管理能力不足，收益面積變小。

解說

　　製造、銷售、研發組成企業金三角，管理能力決定可收益面積，正三角形是收益效率最大。但管理能力不足，也嚴重影響收益面積。

20

如何做出有品質的決策？
——M 型圖的啟示

決策機制影響決策績效

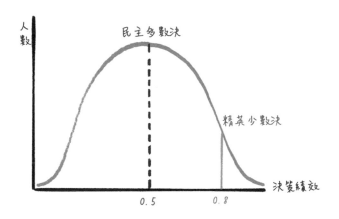

- 民主決策（多數決）：決策品質居中。
- 精英決策（少數決）：決策品質較佳。
- 寡頭決策（一人決）：決策品質兩極化。

寡頭一人決策，不是大好就是大壞

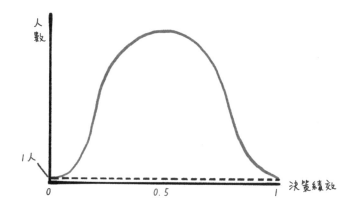

同是多數決，決策效果卻大不同

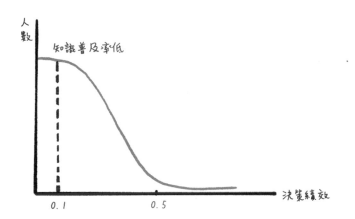

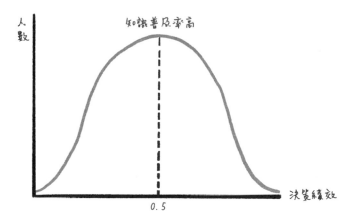

少數決策也可能輸給多數決策？

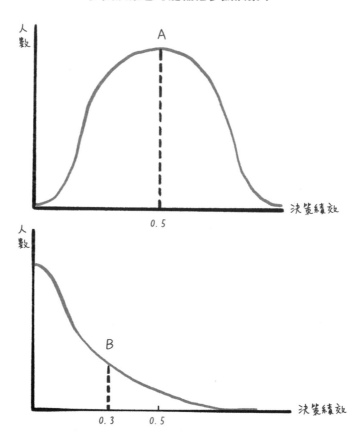

知識水準：A>B

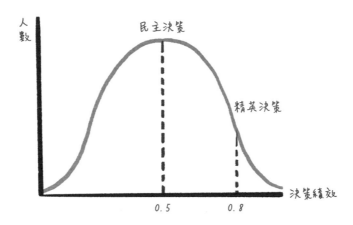

民主決策PK精英決策

20年差距10.5倍
第一個4年：0.8/0.5 = 1.6
第二個4年：$(0.8/0.5)^2$ = 2.56
第三個4年：$(0.8/0.5)^3$ = 4.10
第四個4年：$(0.8/0.5)^4$ = 6.55
第五個4年：$(0.8/0.5)^5$ = 10.5
＊一個任期：4年

解說

　　同樣是民主決策，決策品質卻大不同。當大眾都具備該有的教育涵養時，民主政治的決策品質會趨於中庸，數值 0.5。倘若一個企業或國家的文化教育普及率只有20%，它的決策品質就只剩下0.1。強人領導的獨裁決策，則是大好或大壞。精英決策績效則是介於大眾決策和獨裁中間。

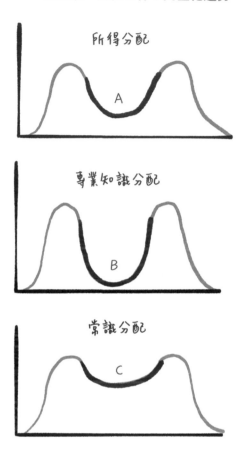

一個國家、兩個世界：M型化趨勢

所得分配

A

專業知識分配

B

常識分配

C

兩極分化程度：B > A > C

- 所得分配：財富往兩邊移動，富者愈富，窮者愈窮。位於中間的中產階級大幅流失。
- 專業知識：知識經濟與創新經濟興起，專業知識兩極分化程度最嚴重，高階專業知識的重要性與門檻愈來愈高。專業知識的分化與所得M型化高度相關。
- 常識分配：教育的普及，使得通識型知識的兩極分化程度較輕微。

企業走向衰亡的徵兆
——競爭力與員工福利的消長

公　管　難

競爭力與員工福利，隨著企業生命週期而消長。

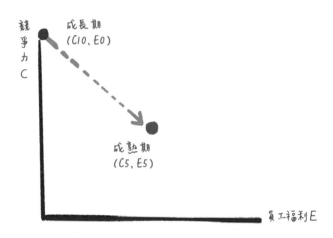

- 成長期（C10 > E0）：競爭力到達最顛峰，公司開始提升員工福利。
- 成熟期（C5 = E5）：競爭力與員工福利，兩者並重。

解說

企業創業初期通常必須全心發展競爭力，較無暇顧及員工福利。進入成長期，競爭力大幅提升後，開始有餘裕注重員工福利，並吸引更多員工，擴大規模。進入成熟期後，則是兩者並重。

競爭力不斷衰退，高福利還可以撐多久？

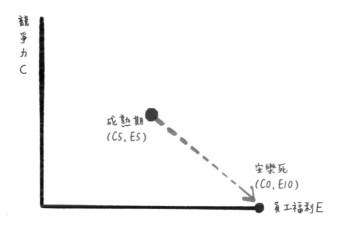

安樂死（C0 < E10）：企業陷入衰退期，競爭力下滑，卻依舊維持高福利。

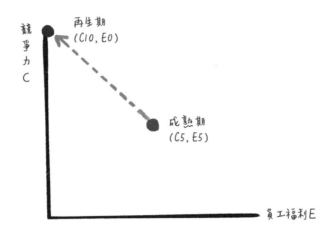

企業如何免於安樂死？

再生期（C10＞E0）：企業若要重生，免於安樂死，需回歸到以競
爭力為核心的創業成長期。

> 解說

　　當一個企業「病入膏肓」，會有哪些徵兆？企業競爭力衰退，員工福
利卻居高不下，就是一個很明顯的指標。企業生命週期陷入衰退期，將
面臨生存危機，經營團隊若不能大刀闊斧、重整結構，則只有「安樂
死」一途，此時，為救亡圖存，甚至得更換經營團隊。反之，企業若能
重啟創業時期的戰鬥精神，就有機會重生，開啟新一輪的生命週期再循
環，創業、成長。

纏繞城市，實現夢想

22

危機中的轉型與轉機
──演化與革命的循環

企業不革命，就等著被革命

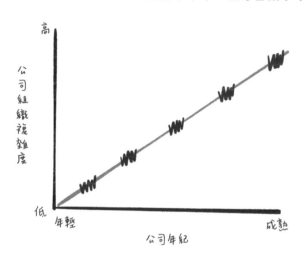

- 演化（Evolution）：穩定式改革
- 革命（Revolution）：破壞式改革

解說

　　「不革命，就等著被革命」，這是個企業不改革，就淘汰的時代，「革命」（revolution）是企業成長的必要之痛。「不成功，便成仁」，成功的革命可使公司如浴火鳳凰般蛻變。歷經破壞式改革之後，企業進入穩定式開展的「演化」（evolution）期。藉由一次次的「演化－革命」循環，企業逐漸成長壯大。

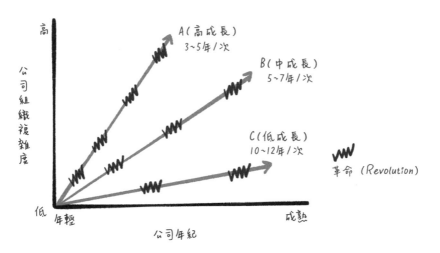

成長愈快的產業，革命次數愈頻繁

革命發生頻率：
- 高成長產業：3~5年／次
- 中成長產業：5~7年／次
- 低成長產業：10~12年／次

解說

　　高科技、高成長的產業，組織「演化－革命」的頻率較為頻繁，週期為三到五年一次；而傳統產業或低成長的行業則較少變動，週期為十年以上。

革命爆發前，危機已潛伏

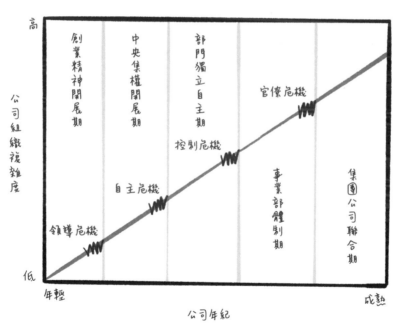

解說

革命爆發前，危機已潛伏。企業成長每一階段的危機都不同。

- 領導危機：領導者能力時間有限，無法兼顧企業的快速發展。
- 自主危機：各部門要求更大的自主權。
- 控制危機：各部門各自為陣，需要更多的協調。
- 官僚危機：組織僵化，創新受到限制。

革命成功：小企業蛻變成大集團

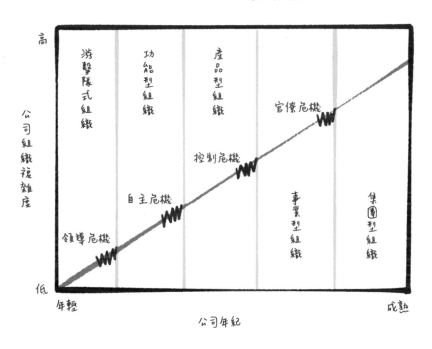

　　創業期是第一次「革命」，企業從創業開始成長為跨國集團，平均會經歷五次革命，革命成功後會蛻變重組為更有效率的組織型態。

* 游擊隊式組織：創業初期，依靠的是創業者的創造性和英雄主義。
* 功能型組織：員工人數增加，組織結構開始複雜，分化為各功能部門組織，如業務部、財務部、人力資源部。
* 產品型組織：產品部門主導，功能組織成附屬組織。
* 事業型組織：成立自主的事業單位（BU）。
* 集團型組織：著眼市場布局，各個事業單位大合奏。

23

產品組合矩陣體檢表
——你老了嗎？

企業要永續成長，得不斷創造明星產品

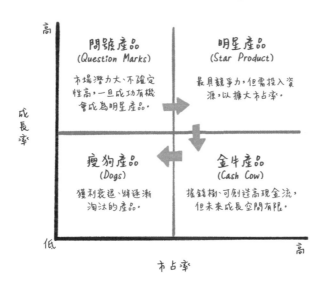

公司眾多產品中，誰是搖錢樹？誰是拖油瓶？
公司產品組合是拖油瓶多還是明星產品多？

產品生命週期各階段的產品特性
問號（創新期）＝>明星（成長期）＝>金牛（成熟期）＝>瘦狗（衰退）

- 問號產品：市場潛力大、不確定性高，一旦成功有機會成為明星產品。
- 明星產品：最具競爭力，但需投入資源，以擴大市占率。
- 金牛產品：搖錢樹、可創造高現金流，但未來成長空間有限。
- 瘦狗產品：獲利衰退、將逐漸淘汰的產品。

解說

　　公司體質是否穩健，要對產品組合進行健檢。分析每個產品的定位是獲利、或是開拓未來。企業如何維持成長，得培養明日之星，如果手上都是金牛產品，雖然當下獲利無虞，但未來金牛產品變成瘦狗時，獲利動能可能會熄火。

公司體質大健檢：產品組合矩陣體檢表

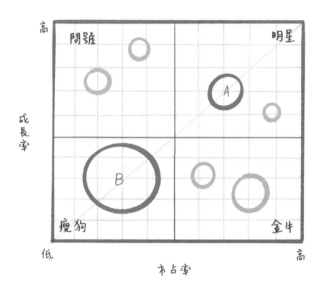

產品評價（Score of product value prospective）＝
產品營業規模 × 產品生命週期

* 產品營業規模：圓圈大小（各產品營收）
* 產品生命週期：圓圈位置＝縱軸 × 橫軸

A（明星）營業規模小於 B（瘦狗），但產品評價卻大於 B。

A產品：2×（7×7）＝98

B產品：7×（3×3）＝63

全公司的總體檢分數可由各個產品分數加總，要注意成績的變化，是進步或退步。

解說

　　企業常同時擁有多個產品組合，波士頓矩陣的進化版，根據產品類型，賦予權重，就可以更精準的檢測出公司產品組合的強弱，比對過去和現在各產品線的變化。去蕪存菁，「減少瘦狗產品，增加明星產品」，為公司傑出不二法門。

24

績效＝興趣 × 能力
——向更高成就前進

能力曲線（C curve）

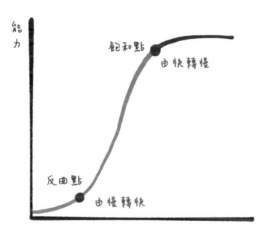

能力曲線（C curve）＝學習曲線（Learning curve）

- 學習的反曲點：從「緩慢開始期」進入「快速提升期」。
- 飽和點：由「快速提升期」進入停滯的「高原期」。

興趣曲線（I curve）

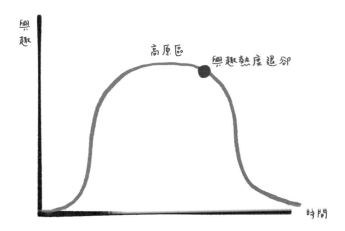

興趣有一個高峰，一項工作、一項技能，有人熟得快，有人熟得慢，到達高峰後，有些人熱度退得快，有人退得慢。再高的興趣也有下衰的時候。

績效＝能力 × 興趣（熱衷度）

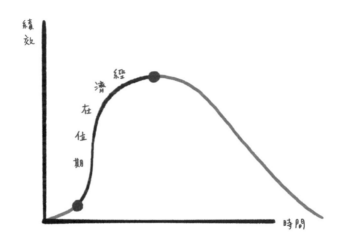

解說

　　熱情跟能力一樣重要。當企業領導人和員工對產品或技術興趣熱度開始冷卻，企業或員工績效也將面臨瓶頸，因沒興趣時，再有能力也做不出績效。每個員工在他的工作崗位上有一個經濟期，稱之為「經濟在位期」，企業要善用領導人和員工有績效的期間，在位期過短，能力無法充分發揮，過長則習慣養成無法創新突破。

第二曲線

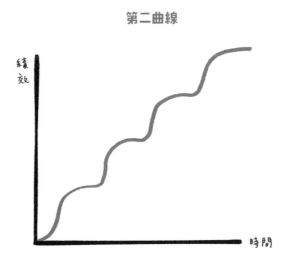

解說

　企業經營，需要不斷創造第二曲線，建立多元能力，才能從小公司蛻變為大集團。個人換工作、升職、新專長，也是如此，都是創造第二曲線的驅動力。欲打破「彼得原理」「能力不配其位」的陷阱，需要不斷創造新興趣、新能力、新工作，也就是「第二曲線」。

居高臨下，易守難攻

你的高度決定你有多成功

商場如戰場，企業無不希望能打敗對手，成為贏家，當贏成為理所當然的唯一答案時，很容易形成思考的陷阱。因為有時候，表面上打了勝仗，實際上卻是輸掉未來。

「價格戰」是最常見的企業競爭策略，每個市場都會有新競爭者，新進者最常用低價策略搶攻市場，先進廠商如果盲目「隨雞起舞」，跟著一起削價競爭，然流血殺價的結果，往往是「傷敵三分，自損七分」。「殺價競爭」的戰役，勝利的一方，看似贏得面子，其實卻是輸掉裡子。

為何贏的一方，卻受傷更嚴重？

跟打價格戰已是未戰先輸，假設新進入者的市占率很低，只有1％，既有領導廠商市場耕耘已久，擁有50％的市占率。價格戰開打，新進者降價兩成，影響其營收只有0.2％，但大廠的50％市占率價格降兩成，影響營收卻高達10％，是前者的五十倍，假設毛利正好是兩成，獲利立即全部歸零。

價格戰往往陷入「贏得戰役，卻輸了戰爭」。許多人分不清楚「戰役」和「戰爭」的差別。把珍貴的資源和時間耗費在一場小戰役上，與

對手廝殺、陷入泥巴戰，反而耽誤了更重要的目標。

「價格戰」是一場兩敗俱傷、沒有贏家的戰爭，企業雖然也心知肚明，但卻往往反應式的深陷戰局，忘了究竟是為何而戰？即使表面贏了對手，卻輸了自己。

企業真正的戰場在哪裡？

企業應戰前，應反覆思考最重要的目的為何？究竟是為了擊敗對手，還是壯大自己？且若只是盲目殺價，而未能專注企業自身真正的價值，即使再強的財務背景，都不可能支撐太久。

我做業務這麼多年，深深覺得用低價搶來的業務是不持久的，真正的業務員應該要了解客戶的需求及自己公司的能力，提供客戶最佳的服務，並爭得合理的價格。大部分客戶表面上看似價格決定一切，但進一步分析客戶的深層需求，其實他們更在乎的是，我們提供的產品和服務，能否提升他的競爭力。客戶最需要的是能夠配合客戶的能力，提供你的交貨力、品質力、成本競爭力、技術力、創新研發力。

如果代工廠商能夠提供更好的服務，協助客戶在市場上取得相對優勢，提升業務，則客戶就不只是採購產品而已，客戶將變成我們的推銷員，帶進更多的業務。換言之，幫客戶提升競爭力，才是真正的戰場。

既然，贏不一定會真贏；反之，輸也不一定是真輸。所謂「棄子爭先」，輸其實是為了贏。聯電就曾經故意輸掉一些戰役。

1980年代，美國開放電話機市場，消費者不再需要向電話公司AT&T購買電話機，而可以在商店自行購買回家安裝。電話機市場的開放，造就龐大的商機，對此千載難逢的誘人商機，聯電雖然才剛創立沒多久，仍積極地摩拳擦掌、搶食這塊大餅。當時競爭最激烈的對手是工研院電子所。

　　那時國內最大的電話機公司是欣凱，聯電和工研院電子所為了爭搶這個大客戶，拚盡全力、殺價搶單。我們的調查發現未來電話IC將嚴重缺貨，產能問題比爭取訂單更為重要，若我們硬搶單，會被低價訂單陷在欣凱，不能支應其他客戶，我們一面佯裝搶單，把低價單塞給電子所，另一面跑去封測廠主動加價換取產能。

　　當時，很多人都以為欣凱之爭，聯電吞了敗仗，丟掉大客戶。殊不知，事實是我們明爭暗送，故意輸掉這場戰役，雙手把大客戶欣凱奉送給對手。

　　當產能供給嚴重不足時，廠商就必須重新審視手上客戶名單供貨的先後排序，我們把有限的產能優先給予更優質的客戶，至於低價大量的長單客戶，只能當機立斷、忍痛放棄。甚至，反手使用「兵困黃龍坡」的策略，故意讓對手取得低價合約客戶，藉此把他們的產能鎖在低價市場，再無餘裕和聯電在其他優質客戶市場上競爭。如此一來，聯電就可以輕鬆攻取其他價格更高的客戶，並獲得更好的利潤。

　　聯電也因為「輸」掉這場戰役，反而讓電話機IC產品獲利大幅提升。那一年聯電營收倍數成長、淨利高達33％，獲利是民間企業第一名。這就是我所說輸小贏大的「棄子爭先」。

成功搶到客戶，未必是贏

當思考陷入「贏是唯一答案」的陷阱時，很容易就會犯了「贏了戰役，輸掉戰爭」的錯誤。輸與贏，在不同情境下，有著截然不同的意義與結局。在未來可能大缺貨的情況下，即使現在打敗對手，成功搶到客戶，切勿得意的太早，是福是禍尚在未定之天，因為真正的決戰點很可能還沒有出現。

每當半導體景氣回升，晶圓代工的價格上漲，客戶一方面要爭取更多產能，但另一方面又表示無法承受價格上漲。他們的理由是擔心萬一漲價，單子就跑到競爭對手那裡去了。此時，我就會分享「兵困黃龍坡」的故事，建議何不趁此時機，重新審視無法接受漲價的客戶是「戰役還是戰爭」？當然，向客戶漲價是很不禮貌的行為，聯電的做法是要隨時向客戶預告未來的情況，包括交期、供需情況及價格趨勢，讓客戶提早預作準備。

我的好友矽品創辦人林文伯是圍棋高手，觀察圍棋更可體會。「棄子爭先」是圍棋十訣中最重要的策略之一，下棋需要有全局的視角，不能只計算一城一池的戰疫得失，卻忘掉整個戰爭的勝利。

有時候，「棄子」是為了「斷臂求生」，當棋子已經處於危險之中，如不及時棄掉以減少損失，局勢極可能陷入大危局。企業輸贏乃兵家常事，打不贏就撤退，另闢新戰場，才有重生的機會。最怕的是因為不服輸、戀戰，而陷入大失敗。

聯電曾投入大筆資金開發功能強大的微處理器,但因為一直無法擺脫英特爾智慧財產權的牽制,我們於是決定壯士斷腕,既然擺脫不了,就認輸、立即撤兵,另尋新的機會發展,因而開啟晶圓代工＋IC設計的新紀元。

不是每一場戰役都要打勝,也不是每一場戰爭都值得打,真正的勝者是「不畏戰、但也不戀戰」。真正的輸家是陷入「無役不與」的思考陷阱。

當贏成為理所當然的唯一答案時，
很容易形成思考的陷阱。
企業應戰前，
應反覆思考最重要的目的為何？

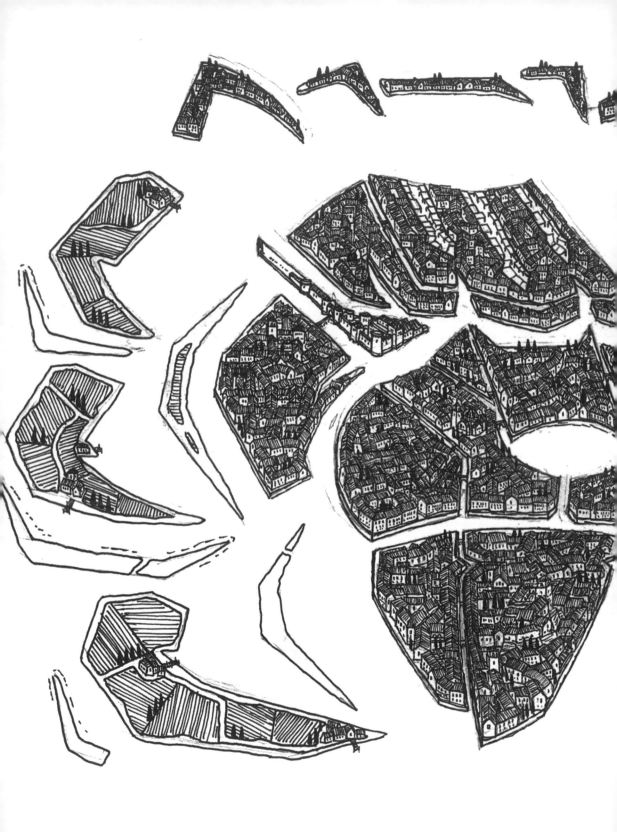

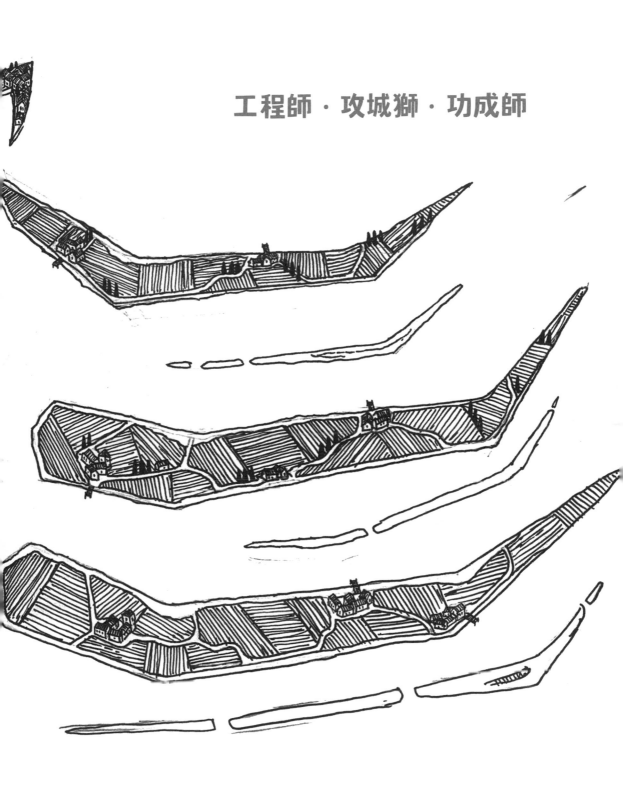

工程師・攻城獅・功成師

千里馬與錦鯉

在產業界服務了這麼多年，我親身參與投資超過上百家公司，一般創業成功已是高難度的挑戰，創新型的創業天時地利人和缺一不可，成功更是難上加難，盲目投入創新，成功是偶然，失敗是必然。

在加入工研院與聯電之前，我二十四歲時，曾和朋友一起創業，不幸遇上詐欺集團，被倒帳二百七十三萬元，在那個年代，這是相當大的金額，當時我一個月的薪水才四千五百元。

為了討回公道，我們一狀告上法院，但檢察官卻以原告未出席偵查庭（事實上我並未收到任何通知），做不起訴處分，後來有朋友熱心找了道上兄弟來幫忙催討，錢還沒開始要，我們已經先花了一筆錢招呼他們。我思前想後，即使他們成功將錢要回，是否真的會遵守承諾把錢如數給我們？如果選擇繼續追訴，不但耗時費神，全然沒有把握。最後，我決定算了，選擇重新來過，回到職場加入工研院電子所鍛鍊基本功。

創業有成有敗，勝負乃兵家常事。關於創新風險，早期多採取「伯樂尋覓千里馬」的方式，千里馬模式追求的是百分百的勝率，每一場戰役都要贏，後來我發現「培育錦鯉魚苗」的模式，更符合投資創業敗多勝少的真實情境。

我有一位朋友專門飼養錦鯉，魚苗的培育是一個擇優汰劣、多次選擇的過程。錦鯉的繁殖力強，一尾大型成魚產卵量動輒五十萬顆起跳，考量飼料與空間成本，業者不可能全部小魚都養大，他們因此發明一套層層篩選的方法：海選、初選、精選。每一次挑選，根據魚體的大小、體質、活動度、品種特徵等，擇優去劣，淘汰的小魚送去夜市給孩子撈魚，淘汰的大魚則賣去作景觀池用，最後留下一批最具潛力的種子選手給專家和收藏者。

放棄追求「高勝率」，更重視「盈虧比」

　　錦鯉培育是精選「一批」最有潛力的種子選手，千里馬或獨角獸則是萬中選「一」。千里馬因為是「唯一」，因此只能追求高勝率，如何精準判別千里馬或獨角獸，成為勝負關鍵，可惜千里馬難尋。

　　投資創業不可能百分百成功，因此，「錦鯉模式」放棄追求「高勝率」，而是更重視「盈虧比」。即使勝率只有一成，投資了十個項目中，可能九件失敗，但只要其中有一項大成功，最後整體獲利仍是賺錢。換句話說，「盈虧比」計算的是總體獲利，目標是「低勝率、高報酬」，因此可以更坦然接受創業失敗，不在乎輸掉幾場戰役，目標是贏得整個戰爭。

　　千里馬模式的孤注一擲，讓創業變成一場梭哈式的豪賭（all in），背後暗藏一個思考陷阱，讓失敗不再只是一個單純的機率問題，而變成是「生命不可承受之重」。

千里馬模式往往是「一戰定終生」，過度的期待讓創業者或投資者雙方都承受巨大壓力。創業者面臨「不成功、便成仁」的壓力，只能背水一戰，而投資者則變得錙銖必較。

梭哈式豪賭，因為沒有失敗的餘地，導致「上了賭桌，只准贏不准輸」。創業者和投資者投入自己和親友的本錢孤注一擲，失敗將成為抹滅不去的傷痕。千里馬模式最大思考陷阱是，一廂情願用盡一切代價，賠掉全部本錢，完全沒留下再戰的精神氣力。

「千里馬模式」追求的是每一場戰役的輸贏，而「錦鯉模式」更重視長期的總成績；「錦鯉模式」從整體與長期的角度出發，更看重如何管理創新事業，而不是如何獨鍾千里馬。同樣的想法，也適用於公司新產品開發的選擇，新技術、新客戶開發的選擇，又要見林又要見樹。

除了千里馬或錦鯉外，新創事業還需要一個有伯樂的環境。賈伯斯如果成長於台灣，能否成為蘋果之父？特斯拉如果創立於台灣，即使能夠撐過財務危機，股票上市又能獲得多少市值？光有千里馬，卻沒有伯樂提供資源與環境，千里馬最後恐怕只是一隻跑得快一點的普通馬而已。一個缺少伯樂的環境，創業者難以得到足夠資源來支持，也找不到最先期的客戶，踏出市場第一步。

以智取勝，把價值與獲利最大化

新創事業能否成功和戰場的選擇息息相關，資源多寡影響你的戰場選擇，前面曾提及「資源」是很容易被忽略的環境變數之一。新創公司

禁不起強大資源消耗戰，搶不到先機就要放手；反之擁有強大的資源的追隨者，即使錯失先機，仍有機會可以後發先至。

資源多寡還決定了戰場的大小，大戰場需要大資源，資源消耗戰只適合資源大國或大企業。俗話說：「什麼人玩什麼鳥」，資源有限的企業，最好避開需要龐大資源的戰場，如產能競賽、拚搶市占率、跨領域多元產品……等。

資源有限的企業或國家應該選擇利基型的戰場，以智取勝，把價值與獲利最大化，進行單點式突破。例如台灣的優勢是人與人之間的快速連結與互動，可以迅速整合供應鏈或跨領域產品。

有人認為市場規模太小，是創新企業的致命傷。事實上，一個有效的市場循環比市場大小更重要。順暢的市場循環能讓創新產品在設計製造、銷售的過程中，透過市場的驗證評估機制，不斷快速精進改善。

台灣的科技電子產品大多仰賴出口，我稱之為「外循環」，例如智慧手機的創新關鍵——觸控屏，宸鴻很早就擁有這項技術用在掌上型電腦PDA，但後來等到蘋果相中配合才有真正的大發展，技術、規格聽國外客戶的，產品改進聽國外客戶的，大部分技術「知其然不知其所以然」，開發改進均耗時。但另一方面，我們發現台灣本地市場內需的產品中，很多系統或產品中都內含台灣外銷的出口品，但這些出口強項卻沒有「內循環」機制，靠「外循環」回銷台灣。

台灣業者技術能力很強，若能在系統整合力進一步提升，就可以

把「內循環」建立。「內循環」可讓台灣科技產品及早直接在本地市場了解規格應用及改良，可以快速提升建立「知其然且知其所以然」的能力。這種能力將大幅提高國際市場競爭力，不但可快速大量發展「外循環」業務，更可進一步回饋「內循環」國內市場。

當台灣建立「內循環」機制後，科技業者可能很快打通「任督二脈」成為內外兼修的高手，此舉將大大促進台灣科技業者在全球做倍數上的成長。

創業最重要的關鍵，在於人

常常有人問我，如何挑選千里馬？

有些人將創業計畫書和創業成功畫上等號，以為創業計畫書愈完美無缺，創業成功的機率就愈高，因此很多創業計畫書鉅細靡遺、洋洋灑灑的很有份量。

事實上，看到這種完美的創業計畫書，反而讓我退步三舍，計畫書內容將未來進展規劃的愈清楚，數據愈完整，就愈危險。因為，這表示市場及技術已趨近成熟，執行起來雖然不會有太大的困難，但卻也意味著市場獲利空間十分有限。

根據我多年的經驗，任何一個再複雜的創業計畫書，如果無法提綱挈領的濃縮成兩頁紙，此時再多的補充、解釋也無益，因為，這通常表示創業模式本身就不夠明確。

許多企管分析工具的依據都是來自市場上看得到的資訊，但真正重要的數據其實是在看不見的檯面下。就像水上的鴨子，牠的頭和身體看似不動，但我們卻看不到牠的兩腳在水下快速滑動。水面下的冰山，往往暗藏更多看不見的競爭對手。

　　聯電成立早期，政府才剛開放外資來台投資，當時第一個拜訪聯電的外資投資機構是國際投信，總經理陳世平花了很多時間了解聯電，最後他十分看好，決定投資。

　　他的慧眼獨具，讓我們受寵若驚，因為當時我們對自家產品並不是很滿意，自認競爭力不夠強。但是，他卻有著不同的觀點，技術或產品競爭力對他們而言，僅供參考而已，他更看重的是員工對公司的看法，因為員工最了解公司真實情況。

　　一般而言，外人對公司的評價會比內部員工高，畢竟員工最清楚公司內部的缺點和矛盾，外面的人看到的大多是經過刻意包裝、較美好的一面。但是國際投信發現聯電卻正好相反，外面的評價反而較悲觀，許多人都覺得聯電根本做不起來，反而是聯電員工對公司未來信心滿滿。

　　創業最重要的關鍵在於人——領導人跟團隊。如果人不對，再好的計畫，也會功敗垂成；如果是傑出的團隊，即使一開始走錯路，最後仍能成功奪冠。

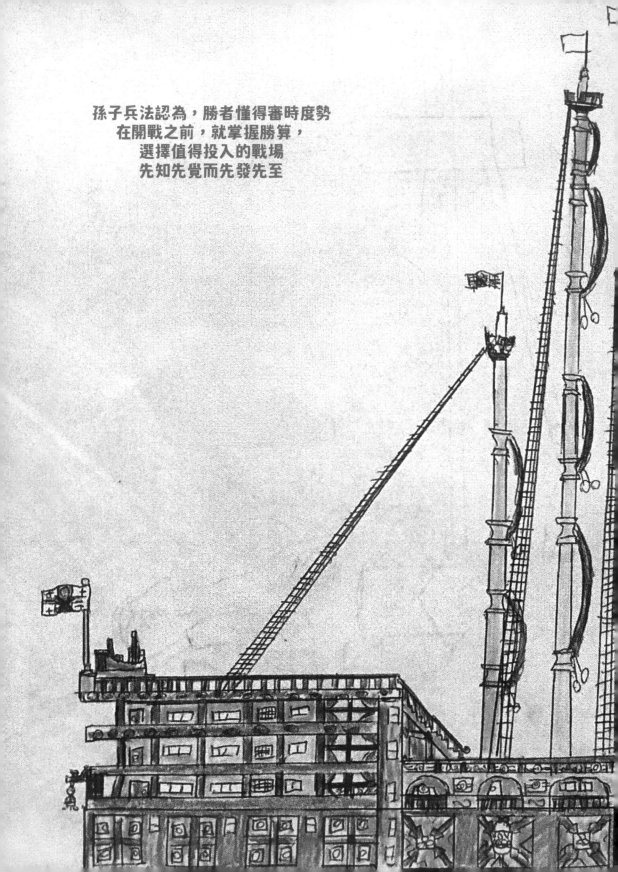

孫子兵法認為，勝者懂得審時度勢
在開戰之前，就掌握勝算，
選擇值得投入的戰場
先知先覺而先發先至

結語

創新，就是以小博大
──給我一個支點，我能撬動地球

給我一個支點，我能撬動整個地球

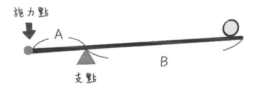

支點位置決定槓桿作用成敗

A＝B，不省力也不費力。

A＜B，舉甚麼都吃力，沒有槓桿作用。

以小博大的槓桿放大作用

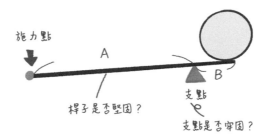

施力點

A

B

桿子是否堅固?

支點

支點是否牢固?

A>B
A 愈長，槓桿效果愈好。
A 愈長，桿子愈容易斷。

解說

　　阿基米德發現槓桿「以小博大」的特性，桿子愈長、支點的位置愈遠，槓桿的量能放大效果愈好，但桿子斷裂的風險也相對提高。在放大槓桿時，容易忽略支點與桿子的穩固性，支點和桿子的承受能力決定支點位置與桿子長短。

　　槓桿的使用無所不在，企業為降低成本，盲目擴充產能。為了增加市占，廣設分點，甚至低價搶市，鋪天蓋地的廣告行銷……等都是一種槓桿行為，增加人員、生產規模，一旦銷售不如預期，巨大的獲利反成負債，天堂和地獄之隔，就在「槓桿」。

邊際貢獻的乘數效應

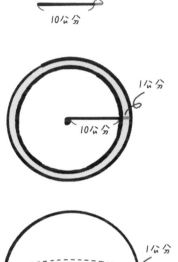

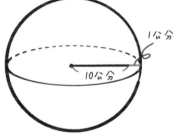

邊際貢獻：每增加X公分，增加Y貢獻。
維度愈多，邊際貢獻的乘數效益愈大。

- 線性：每10公分增加1公分，增加 10/100 貢獻。
- 平面：每10公分增加1公分，增加 21/100 貢獻。
- 立體：每10公分增加1公分，增加 33 / 100 貢獻。

　　勿以善小而不為，善小也可做大利用。當海平面降低10公分，可能會多出一個台灣，這就是邊際貢獻的乘數效應。一個人的改善，僅供自己利用，效果看起來好像有限；但如果是一個部門、全公司甚至全集團的一點點改善，貢獻的價值就很可觀。當只有一個維度，如線性，邊際效用就只有一次，但在多維度空間，維度愈多，邊際效用可發揮乘數效應，產生多重效用。綜合表現在生產、銷售、業務上面，面向愈多，邊際效益愈大。

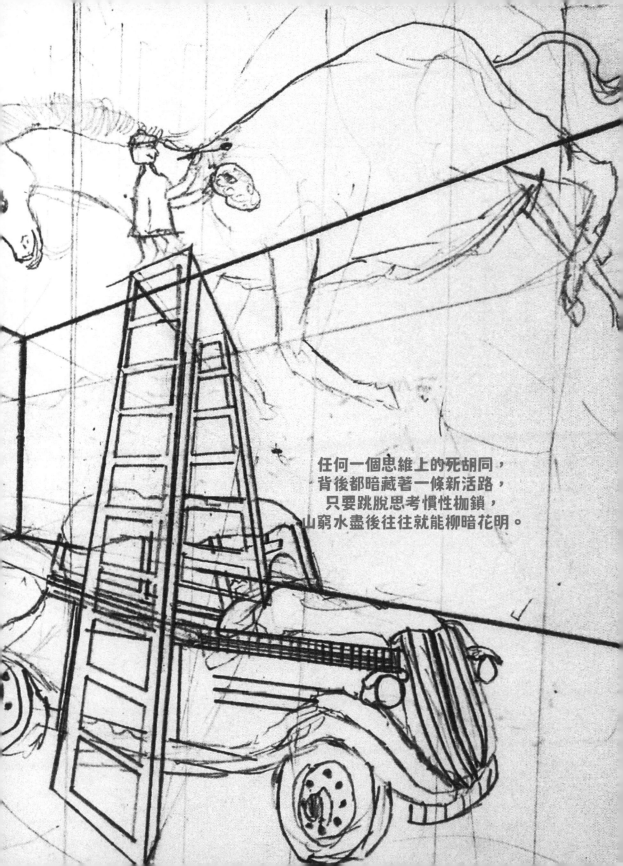

任何一個思維上的死胡同，
背後都暗藏著一條新活路，
只要跳脫思考慣性枷鎖，
山窮水盡後往往就能柳暗花明。

工作生活 BWL092

思考圖譜
職場商場致勝祕笈

作者 —— 宣明智、燕珍宜
封面暨內頁插畫 —— 黃育瀚 Brandon Huang

總編輯 —— 吳佩穎
副總編輯 —— 黃安妮
責任編輯 —— 黃安妮、黃筱涵、李依蒔
封面暨內頁美術設計 —— 蕭伊寂
校對 —— 魏秋綢

出版者 —— 遠見天下文化出版股份有限公司
創辦人 —— 高希均、王力行
遠見・天下文化 事業群榮譽董事長 —— 高希均
遠見・天下文化 事業群董事長 —— 王力行
天下文化社長 —— 林天來
國際事務開發部兼版權中心總監 —— 潘欣
法律顧問 —— 理律法律事務所陳長文律師
著作權顧問 —— 魏啟翔律師
社址 —— 台北市 104 松江路 93 巷 1 號
讀者服務專線 ——（02）2662-0012 ｜ 傳真 ——（02）2662-0007；（02）2662-0009
電子郵件信箱 —— cwpc@cwgv.com.tw
直接郵撥帳號 —— 1326703-6 號　遠見天下文化出版股份有限公司

電腦排版 —— 立全電腦印前排版有限公司
製版廠 —— 中原造像股份有限公司
印刷廠 —— 中原造像股份有限公司
裝訂廠 —— 中原造像股份有限公司
登記證 —— 局版台業字第 2517 號
總經銷 —— 大和書報圖書股份有限公司｜電話 ——（02）8990-2588
出版日期 —— 2022 年 6 月 30 日第一版第 1 次印行
　　　　　　2023 年 7 月 28 日第一版第 8 次印行

定　價 —— NT 380 元
ISBN —— 978-986-525-669-2
EISBN —— 9789865256746（EPUB）；9789865256753（PDF）
書　號 —— BWL092
天下文化官網 —— bookzone.cwgv.com.tw

國家圖書館出版品預行編目(CIP)資料

思考圖譜：職場商場致勝祕笈/宣明智, 燕珍宜著. -- 第一
版. -- 臺北市 : 遠見天下文化出版股份有限公司, 2022.06
168面 ; 17×23公分. -- (工作生活 ; BWL092)

ISBN 978-986-525-669-2(平裝)

1.CST: 職場成功法 2.CST: 思考 3.CST: 邏輯

494.35　　　　　　　　　　　　　　　111008836

天下文化
BELIEVE IN READING